Hellmut von Cube

Pilzsammelsurium

Sorgsamer Ratgeber für Pilzverehrer
und Pilzverzehrer

Mit Kochrezepten

HEINRICH & HAHN

Neuausgabe

Die deutsche Erstausgabe erschien
im Heimeran Verlag, München 1960
© Peter von Cube
Für diese Ausgabe:
© Heinrich & Hahn Verlagsgesellschaft, Frankfurt am Main 2007
Gestaltung und Herstellung:
Wolff Kommunikation, Frankfurt am Main
Druck: fgb Freiburger Graphische Betriebe, Freiburg
Printed in Germany
ISBN 978-3-86597-048-0
Alle Rechte vorbehalten

www.heinrichundhahn.de

INHALT

Pilze sind Zauberei,
heimlich und vielerlei
tief, tief im Wald.
Satanspilz, Schopftintling, Stinkmorchel-Ei,
Stiel und Hut, Trichter, Korallengeweih –
Moder wird Fleisch und Gestalt.

Pan dreht den Zauberring,
schon steht ein Wunderding
farbig im Moos:
Grüntäuberl, Goldröhrling, Kaiserling,
Reizker und Lackpilz und Pfifferling –
ach, ist das Märchenbuch groß.

Märchen der Wald gebiert,
Märchen Lukull serviert,
such sie dir aus:
Bries'chen mit Champignongs, Brätling paniert,
Steinpilz in Rahmsoße, Rehbrust verziert –
Pilzmärchen auch noch zu Haus.

Hellmut von Cube

Vergeblicher Versuch, die Leidenschaft für Pilze zu begründen

Stellen Sie sich einen Wald ohne Pilze vor! Ohne den Fliegenpilz zum Beispiel, der wie das Märchen selbst im Moos steht. Ohne die Trupps der Hallimasche, die plötzlich einen Baumstumpf besetzen, als hätten sie dazu Befehl von irgendeinem tief versteckten Hauptquartier. Ohne die magischen Ringe, welche die Ritterlinge in den Laubteppich zeichnen. Ohne die goldenen Ziegenbärte, ohne die wunderbaren Schirme des Parasols, ohne die bunten Täublingskleckse, ohne die seltsame Stinkmorchel, ohne die gefräßigen Porlinge, die an den Baumriesen sitzen wie die Austern am Pfahl! Wäre das nicht ein entzauberter Wald – endgültig der Amtsforst, die Nutzholzplantage? Einst galten die Pilze als das Werk von Hexen, als eine böse Ausschwitzung des Bodens. Wahrhaftig, sie haben etwas Dämonisches an sich. Selbst wenn sie wie Spielzeug ausschauen, sind sie ein ganz klein wenig unheimlich. Eben darum gehören sie zum Geheimnis des Waldes.

Und nun sehen Sie sich die Pilze einmal botanisch an: Diese imposanten Früchte an einem so winzigen, unterirdischen Geflecht! Diese merkwürdigen Lichtkostverächter! Diese Zauberer, die es fertigbringen, sich auf zweifache Art zu vermehren! Daran gemessen, werden die meisten anderen Pflanzen zu Allerweltsgeschöpfen. Freilich sind sie nicht nur originell, sondern zum Teil auch kriminell – es gibt heimtückische Kreaturen unter ihnen, wahre Giftampullen: den Knollenblätterpilz, den Ziegelroten Rißpilz, den Pantherpilz. Tausende sind ihnen zum

Opfer gefallen. Dafür hat ein verachtetes Schimmelpilzchen schon Millionen von Menschen das Leben gerettet: *Penicillium notatum Fleming*, der winzigste Wohltäter der Welt.

Hoch ist der Ruhm der Pilze in der Medizin, strahlend der in der Gastronomie. Denken Sie an die Trüffeln, diese dunklen und immer zu kurzen Seligkeiten in der Wonne der Gänseleberpastete! Denken Sie an die Champignons, die auf keiner guten Speisekarte fehlen! Denken Sie an den Mousseron, der wie Knoblauch im Himmel schmeckt! Denken Sie an Steinpilze in Rahm mit Petersilie, an Omelette mit Pfifferlingen, an Morchelragout! Keiner, der gern ißt, möchte auf die Pilze verzichten. Sie gehören als Gewürz, als Beilage, als Zwischengericht zum eisernen, oder besser zum goldenen Bestand der feinen Küche.

Über allem Geheimnis und allem Ruhm der Pilze aber sollte man nicht vergessen, daß ihre vielleicht segensreichste Wirkung nicht in ihnen selbst liegt, sondern in der Suche nach ihnen. Pilzesammeln verschafft Bewegung ohne Anstrengung, Gesundheit ohne Zwang. Es befriedigt auf die billigste und humanste Art den Jagdinstinkt der Menschen. Es erzieht zu sorgfältiger Beobachtung der Natur. Es verwandelt unmerklich Spaziergangspflicht in Waldläuferglück. Glückliche Leute und gesunde Leute sind die meisten Pilzsammler, mögen sie auch manchmal kauzig sein.

Verzauberer im Wald, Curiosa in der Botanik, Lebensretter unter den Medikamenten, Delikatessen auf der Tafel, Glück für die Freunde der Natur – das alles sind die Pilze, und damit ließe sich die Pilzleidenschaft hinreichend begründen, wenn sie überhaupt zu begründen wäre. Gott sei Dank sind wahre Leidenschaften, auch die Miniaturleidenschaften, die Steckenpferde, unbegründbar. Ob Sie Biedermeiertassen, Briefmarken oder Bierfilze sammeln, ob Sie Ihr letztes Geld für eine etruskische Tonscherbe oder für ein Exemplar des Moskauer Telefonbuches ausgeben – in jedem Fall hat Ihre Leidenschaft nur einen Grund, nämlich den, vorhanden zu sein. Wenn Sie mich ernsthaft fragen, warum ich Pilze sammle, so antworte ich Ihnen ernsthaft: Weil ich nicht anders kann. Ich hoffe, diese Antwort wird einmal auch die Ihre sein.

Lob der Pilzfreunde und Ermutigung für solche, die es werden wollen

Vielleicht wollen Sie es gar nicht zu einer Leidenschaft bringen, vielleicht wären Sie schon mit einer kleinen Liebhaberei, mit einem wohlwollenden, lukullisch nützlichen Interesse ganz zufrieden und fürchten sich nun, wer weiß wie steile Gipfel des Wissens erklimmen zu müssen. Keine Angst, Sie haben es hier nicht mit einem Pilzlehrer zu tun, sondern nur mit einem Pilzverehrer und Pilzverzehrer. Ich beabsichtige zum Beispiel nicht, Sie mit der neuesten Pilzsystematik vertraut zu machen. Ich möchte Sie auch nicht dazu ermuntern, Ihren Urlaub in Finnland zu verbringen, um die karminrote Abart des Hohlfußröhrlings kennenzulernen, oder Ihnen nahelegen, im Interesse der Pilzkunde auszuprobieren, wie viele Narzissengelbe Wulstlinge Sie ohne üble Folgen verzehren können. Ich zähle auch nicht zu jenen Eiferern, die – ein Bestimmungsbuch in der Hand – auf die »Küchenmykologen« herabsehen, auf diejenigen, welche nur nach Eßbarem fahnden. Andererseits halte ich es nicht unbedingt mit den eingeschworenen Steinpilz- und Pfifferlingsjägern die den Kopf schütteln, wenn ein Wissenshungriger bloß ein paar rätselhafte Nichtslinge und Winzlinge im Korb hat und trotzdem hocherfreut ist.

Ich habe immer das ganze liebenswerte, friedfertige Volk der Pilzfreunde vor Augen. Ich sehe den gewitzten Schwammerlsucher durch die noch taunasse Wiese einem seiner Geheimplätze zustreben, die Spannung eines Zehnjährigen im Gesicht; ich sehe den Tafelfreudigen, wie er eine unvorsichtige Morchel, ein feistes, seidiges Wiesenchampignönchen streichelt, als wolle er es nicht in den Kochtopf, sondern in die Wiege legen; ich sehe den Naturkundigen andächtig vor einer Familie von Nestpilzchen knien, die eine gute Fee als Spielzeug in den Holzabfall gesetzt hat; ich sehe Vater und Sohn in der Bewunderung kleiner schwarzer Sonnen, welche die nachtsüber auf Papier gestellten Hüte des Düngerlings mit ihrem Sporenstaub gemalt haben; ich sehe den Pilzfanatiker weltentrückt über sein Mikroskop gebeugt; ich sehe die Kinder in den Wald schwärmen, weit den Erwachsenen voraus, um ja die ersten am Pilz zu sein; und ich werde dabei von einer fast patriotischen Rührung ergriffen.

In Südtirol verirrte ich mich einmal auf der Suche nach Frostraslingen, die dort häufig und unter dem Namen »Buchele« bekannt sind, in ein Privatgrundstück. Als mich die Besitzerin, offenbar gereizt durch zahllose ähnliche Grenzüberschreitungen, scharf zur Rede stellte, sagte ich, ich sei auf der Pilzsuche in ihren Garten geraten. »Pilze?« rief sie ungläubig, »was für Pilze?« In diesem Augenblick waren mir doch wahrhaftig die beiden deutschen Namen entfallen. So erwiderte ich also: »Den Conglobatum!« Auf dieses Wort, dieses Zauberwort hin verwandelte sich die streitbare Dame – eine Pilzkennerin von Graden – in die liebenswürdigste Gastgeberin. Erlebnisse dieser Art kommen mir so vor, wie wenn sich zwei Schiffe gleicher Nationalität auf hoher See begegnen. In dem Augenblick, wo man die Flagge erkennt, ist das Vaterland aufregend und tröstlich nahe.

Und zum Vaterland und Volk der Pilzfreunde gehören alle, die Pilze lieben, gleich welchen Grad der Leidenschaft ihre Liebe hat. Der Mykologe besitzt nicht mehr an Staatsbürgerschaft als das Pilzweiblein, der durchtriebene Pilzjäger nicht mehr als der schüchterne Laie, welcher auf einem Waldspaziergang seine ersten Reizker pflückt.

Pilze, Pilze, überall Pilze!

Ob Sie es weit bringen wollen oder nicht, ob Sie nur für den Topf sammeln wollen oder auch für den Kopf – von der Stunde an, in der Sie sich entschließen, überhaupt zu wollen, ergreift Sie Neugier und Verzagtheit zugleich. Wie genau erinnere ich mich an diesen Zustand! Die Natur bestand für mich nur noch aus Pilzen oder deren engster Umgebung. Die Bäume und Sträucher, die Blumen und Steine, die Bäche, die Ameisenhaufen, die Fuchsbauten existierten nur in vagen Umrissen, nur als nötige

Kulissen. Das Unterholz war zum Pilzversteck, der Baumstumpf zum Pilztablett geworden. Die Hecke beschützte keine Rotschwänzchen mehr, sondern ausschließlich Lorcheln. Auf der Almweide verschwanden die Enziane und tauchten die Boviste auf. Unter dem Laub schlüpfte nicht die Haselmaus in ihr Loch, sondern wuchs die Nebelkappe dem Magen entgegen. Pilze, Pilze! Nicht nur auf den Mooshügeln, sondern auch im Straßengraben. Nicht nur in den Wurzelfjorden, sondern auch auf dem Schuttgebirge, im Mistbeet, in der Holzlege.

Pilze, überall Pilze, und immer wieder andere und meistens unbekannte. Fremde, gelbgraue Riesen, die ganze Erdballen in die Höhe stemmten, als wären sie Nachkömmlinge des Atlas. Pygmäen, die wie der Suppenkaspar auf dem vorletzten Bild ausschauten. Zartstielige, nur durch ein Wunder davor bewahrt, unter ihrem Hut zusammenzuknicken, und Derbstielige mit kleinen Hüten, russischem Spielzeug ähnlich. Immerhin, sie hatten Hut und Stiel, die klassischen Pilzattribute. Dutzende von anderen Pilzen aber hätten Keulen kriegerischer Zwerge sein können, zerfetzte Badeschwämme, Seesterne, aus malaiischen Tiefen gefischt, Aschenbecher für Waldschrate, Zierkonsolen, Eisstückchen im Schatten übersommert, Posaunen für den jüngsten Tag der Schnecken. Und immer neue tauchten auf. Anscheinend aus der grünen Dämmerung unter den Fichten und Buchen, in Wirklichkeit aus dem Nebel meiner früheren Unaufmerksamkeit.

Ich sah auf einmal das Papageiengrün und Scharlachrot der Saftlinge auf den gemähten Wiesen, das Violett des Lackpilzes, das quellende Gelb des Schwefelporlings.

Ich sah gewisse Pilze einfach zerfließen, als lösten sie sich in ihren schwarzen Tränen auf, ich sah andere bei lebendigem Leib zu Mumien werden wie die Geizhälse. Und was mir nicht ins Auge fiel, stieg mir in die Nase. Plötzlich roch es im Wald nach Knoblauch, nach Aas, oder – wenn ich meine Beute zu Hause schnitt – nach Rettich, nach Fenchel, nach Seife, nach Stachelbeerkompott, nach Gas, nach Gurken. Pilze, Pilze, immer wieder neue und namenlose, zu Dutzenden, zu Hunderten, zu Tausenden! Am liebsten hätte ich auf einen so gewaltigen Unbekanntenkreis doch noch verzichtet, mich unter den vertrauten Parasol oder zu den lieben Pfifferlingen gesetzt und gesagt: »Bis hierher und nicht weiter!«

Ich bin weitergegangen, und auch Sie werden vermutlich weitergehen. Sie werden über die Pfifferlinge und Parasols, über die Steinpilze, Wiesenchampignons, Rotkäppchen, Hahnenkämme, Reizker, Fliegenpilze und andere alte Bekannte hinaus in die Pilzfremde vorstoßen. Sie werden todesmutig in das verwirrende, unabsehbare Pilzgewimmel hineinmarschieren, das rasch besorgte Bestimmungsbuch in der Hand, den Rucksack auf dem Rücken und die Hoffnung im Herzen. Warten Sie etwas damit! Sie könnten ebensogut versuchen, mit Feldstecher und Sternkarte den Weltraum zu erforschen oder mit einem Pudelschlitten zum Nordpol zu gelangen, als auf diese Weise ihr Ziel zu erreichen. Lassen Sie den Rucksack und das Buch liegen, und hören Sie mir noch ein wenig zu, denn zahlreich sind die Tücken der Natur und der Literatur, und ich möchte so gerne, daß Sie durch meine Erfahrungen klüger, bevor Sie durch eigene Erfahrungen klug werden.

Vom Tausendsten ins Hundertste

Das Pilzgewimmel ist in der Tat verwirrend und unabsehbar: Es gibt – ich kann Ihnen den Schrecken nicht ersparen – rund hunderttausend Pilzarten, aber es gibt sie – was Ihnen den Schrecken mildern dürfte – sozusagen nur für den Forscher. Neunzigtausend davon werden, jedenfalls als Einzelexemplare, erst unter dem Mikroskop oder der Lupe sichtbar und haben auch dann mit einem richtigen, ordentlichen Pilz höchstens so viel Ähnlichkeit wie eine Blindschleiche mit einem Saurier oder ein Ziegelbrocken mit einem Parlamentsgebäude. Trotzdem erwähne ich dieses riesenhafte Heer von Zwergen – von Urpilzen, von Algenpilzen, von niederen Schlauchpilzen –, das sich als ein Schleier der Zersetzung über die Erde ausbreitet, nicht nur aus botanischem Pflichtgefühl, sondern weil ihm Familien angehören, die berühmt und berüchtigt geworden sind.

Wenn der Mehltau die Reben verdirbt, wenn der schwarze Brand den Mais befällt, wenn die schlanken Pfirsichblätter sich jämmerlich kräuseln: Pilze. Wenn die Erlenzweige zu Hexenbesen ausarten und die Zwetschgen Narrentaschen bekommen: Pilze. Daß das tägliche Brot und der geburtstägliche Gugelhupf locker ist, daß das Bier ins Gemüt schäumt, der Arrak im Punsch glüht: Pilze. Daß dem Türken der Kefir, dem Japaner die Sojasauce, dem Franzosen der Roquefort, dem Italiener der Gorgonzola schmeckt: Pilze. Daß bestimmte Antibiotika Tag für Tag zahllosen Menschen das Leben retten: Pilze.

Mit diesen Beispielen will ich Sie keineswegs dazu verlocken, Mikropilzjäger zu werden und das seltsam zwielichtige, zugleich lebensspaltende und lebenserhaltende Wesen der Pilze zu studieren. Aber vielleicht verwandeln Sie sich doch einmal ein Stück schimmeliger Brotrinde oder Birnenschale mittels einer guten Lupe und etwas Phantasie in ein silbrig-gläsernes Traumdickicht.

Hunderttausend weniger neunzigtausend ist zehntausend. Zehntausend Arten von Großpilzen, allerdings oft nur winziggroßen, beherbergt die Erde schätzungsweise, viertausend Arten Europa, dreitausend Arten Mitteleuropa. Um Himmels willen, werden Sie sagen, dreitausend!, und dabei an das Dutzend oder die zwei Dutzend Ihnen vertrauter Arten denken. Beruhigen Sie sich: Es wäre ein Wunder, ein Ereignis gegen jede Wahrscheinlichkeit, wenn Sie auf Ihren Wanderungen von diesen dreitausend jemals mehr als tausend in die Hand bekämen. Ich rate Ihnen nicht, mir das Gegenteil zu beweisen. Sie könnten bei dem Versuch, etwa den Königsfliegenpilz oder den Doppelringtrichterling zu finden, leicht einige Jahre vergeuden, obwohl diese beiden durchaus nicht zu den eigentlichen Raritäten zählen. Selbst Kenner, die sich vorher gründlich über das Verbreitungsgebiet und die günstigsten Standplätze informiert haben, suchen oft vergeblich nach der Pilzspezialität einer Gegend. Vielleicht ist inzwischen ein Stausee entstanden, oder es wurde viel Holz geschlagen, oder der Herbst ist um einen Achtelton zu tief gestimmt. Sie ahnen nicht, wie empfindsam die Pilze sind. Bleiben wir also bei der Zahl Tausend.

Tausend Pilzarten könnten Sie begegnen, wenn Sie ein eifriger Sammler sind, der kein Wetter und keine Mühe scheut, der die Reviere, und das heißt die Waldarten und

Bodenarten, wechselt, und der nicht nur von der gelehrten Athene, sondern auch von der wohlgelaunten Fortuna begleitet wird. Das sagt aber nicht, daß Sie diese tausend auch bestimmen können. Von den dreitausend mitteleuropäischen Arten lassen sich ohne ein gutes Mikroskop, verschiedene Chemikalien und einen Arm voll Spezialliteratur auf keinen Fall mehr als achthundert bestimmen, und ich nehme nicht an, daß Sie sich gleich zu solchen Anschaffungen entschließen werden. Achthundert Arten also sind für den Pilzfreund bestimmbar, ohne daß er darum zu einem halben Mykologen werden müßte. Ein ganzer Pilzfreund muß er dennoch sein, denn die Kenntnis dieser achthundert setzt nicht nur langjährige und im wahrsten Sinne des Wortes weitschweifige Bemühungen voraus, sondern auch den Besitz von gewiß einem Dutzend populärer Pilzbücher. Wenn Sie sich – was ich Ihnen für den Anfang raten würde – deren zwei anschaffen, eines, das sich durch die Menge und Sorgfalt der Abbildungen, ein anderes, das sich mehr durch einen exakten und nicht zu komplizierten Bestimmungsschlüssel auszeichnet, können Sie Ihrem Wissen etwa vierhundert, davon Ihrem Magen die hundertfünfzig ergiebigsten und schmackhaftesten Arten einverleiben.

Von tausend Arten also nur vierhundert! Sechshundert bleiben vorerst für Sie unbestimmbar und bereiten Ihnen infolgedessen Mühe und Ärger. Das ändert sich mit der Zeit, wenn Sie es ändern wollen: je mehr Pilzbücher, je weniger Ärger – die Mühe allerdings bleibt ziemlich gleich.

Vielleicht fragen Sie sich nach alledem, wieviel Pilzarten man kennen muß, um ein Kenner zu sein. Ich habe mir diese Frage schon manchmal gestellt, aber leider noch keine befriedigende Antwort gefunden. Die Mykologen sind oft so schlechte Pilzkenner wie die Mathematiker schlechte Kopfrechner, und auch die Pilzkenner und Pilzliebhaber von Ruf sind keine Renommisten, sondern meistens Spezialisten. Immerhin: Tausend Arten zu kennen und fünfhundert davon gleich zu erkennen kann man ihnen wohl zubilligen. Leute, die den Pilzen weder ihren Beruf noch ihren Ruf verdanken, dürfen schon mit einem Zehntel wohlzufrieden sein und sich guten Gewissens zum Pilzgefreiten, mit einem Fünftel sogar zum Pilzleutnant befördern.

Sechs Wunder

Leider kann niemand etwas von Pilzen verstehen, wenn er vom Pilz nichts versteht – und so stelle ich die simple Frage: Was ist ein Pilz? Sie werden antworten: Eine Pflanze!, aber ich hoffe, daß Sie dieses Wort nur widerstrebend gebraucht haben. Beim Anblick eines Pilzes hat man doch so wenig das Gefühl, einer Pflanze, einer lieblich grünenden, blühenden, samentragenden, gegenüberzustehen, wie angesichts etwa einer Seeanemone, ein Tier vor sich zu haben. Darum hielt man Pilze bis in das hohe Mittelalter hinein für eine Art Erdblasen oder auch Gewitterwarzen, wenn nicht überhaupt für Zaubereien. Wie begreiflich! Heimlich neige auch ich noch zu der Vermutung, es gingen nachts Waldgeister um und lockten die Pilze mit Sprüchen und Zeichen aus dem feuchten Humus hervor. Dennoch ist der Pilz eine Pflanze, wenngleich eine so eigenartige, daß einer der bekanntesten modernen Mykologen sagt, die Pilze stünden mehr aus Bequemlichkeit und Gewohnheit in dieser Ordnung der Lebewesen als aus überzeugenden wissenschaftlichen Gründen.

Der Gelehrte weiß genau, warum er am reinen Pflanzentum des Pilzes zweifelt, der Laie hingegen zweifelt zunächst nur darum, weil er die eigentliche Pflanze – oder auch Nichtpflanze – gar nicht sieht. Anders gesagt: Weil das, was er von ihr sieht, nur Blüten und zugleich Früchte sind. Die Pflanze selbst ist unter der Erde. Allerdings, wenn er sie dann sieht, sieht er sie trotzdem nicht. Es käme ihm nie in den Sinn, dieses weißfilzige Etwas, das außer Tannennadeln und Erdteilchen die Stielbasis bedeckt, als Pflanze anzusprechen, und schon gar nicht als diejenige Pflanze, welche den Pilz trägt wie die Glockenblume ihre Blütenglocken oder der Birnbaum seine Birnen. Daß sie – auch wenn er den Pilz noch so vorsichtig aus dem Boden gedreht hat – zum größten, jedenfalls aber zum längsten Teil in der Erde geblieben ist, ändert daran nichts. Selbst wenn sie mit dem Stiel ganz und gar herausgekommen wäre, würde sie höchstens einem spinnwebfeinen Wurzelschleier ähneln. Wie auch immer, diese Zwergenwatte, dieses Spinnweb – Myzel genannt – ist die eigentliche Pilzpflanze. Sie ist, um im Vergleich zu bleiben, ein Birnbaum, der zimmergroße Früchte trägt. Das erste Wunder!

Nicht leichter läßt sich begreifen, daß ein so stattlicher, wohlig fester Fruchtkörper wie etwa der Steinpilz aus einem so nichtsigen, feinen Gebilde entsteht. Die weißen Garne des Gespinstes nämlich, welche man mit bloßem Auge gerade noch erkennen kann, sind ihrerseits auch gesponnen, und zwar aus unvorstellbar dünnen Fasern. Aber siehe da – wenn nun der Boden gut durchwärmt, die Luft schön feucht ist und der Zauberer winkt, schlingen sich, wassersaugend und wachsend, die Garne zu Fäden, die Fäden zu Schnüren, die Schnüre zum Seil, zum Stiel, zum Hut. Ein Tag, zwei Tage, drei Tage, und der Steinpilz steht da. Wie gemauert, und doch nur gesponnen und geflochten. Man könnte ihn, wäre man geschickt genug, wieder vollkommen aufdrehen. Das zweite Wunder!

Da steht der Pilz nun und freut sich des Lebens. Aber wovon lebt er? Von der Pilzpflanze. Und wovon lebt die Pilzpflanze? Erstens vom Wasser und seinen Salzen. Zweitens von Moder, von zerfallenden Grünpflanzen also – von der Stärke, dem Zucker, dem Eiweiß, das sie sich, solange sie lebendig waren, bereitet hatten. Die Pilzpflanze kann sich dergleichen nicht selbst bereiten, da sie kein Chlorophyll besitzt. Sie ist – auch wenn sie das nötige Sonnenlicht hätte – unfähig, sich aus dem Wasser und der Kohlensäure Nahrung herzustellen, sondern muß, um nicht zu verhungern, Pflanzen fressen wie ein Tier. Sie hat am wunderbarsten Pflanzenwunder nicht teil, und das eben ist: das dritte Wunder!

Langlebige Pilze, wie die ledrigen Porlinge, überstehen gesund und munter viele Jahre. Kurzlebige Pilze, wie etwa die kleinen Tintlinge, erscheinen mit der Morgenröte und vergehen mit der Abenddämmerung. Ein normaler, festfleischiger Pilz hält sich eine Woche, allenfalls zwei Wochen aufrecht. Dann sinkt er, von Schnecken zerfressen, von Maden ausgehöhlt, schwammig, brüchig in sich zusammen. Inzwischen aber hat er das Seine getan und rund eine Milliarde Sporen, das heißt Fortpflanzungszellen, in die Luft geschleudert. Eine Milliarde von einem Pilz mittlerer Größe, und vorsichtig geschätzt! Wer durch den Blick in die Welt des Atoms das geistige Schwindelgefühl noch nicht verloren hat, kann davon befallen werden, wenn er sich beim Pilzeputzen klarmacht, daß er mit einem vielleicht nicht einmal besonders großen Champignon mindestens tausend Millionen solcher Winzigkeiten in der Hand hält. Das vierte Wunder!

Diese Winzigkeiten, die Sporen, meistens etwa wie Reiskörner geformt, sind durchschnittlich drei tausendstel Millimeter breit und fünf tausendstel Millimeter lang. Trotzdem fragt man sich, wo der Pilz eine so ungeheure Menge von ihnen untergebracht hat. Bei wohlbeleibten Pilzen könnte man sie im Inneren vermuten – aber bei den kleinen dünnen, an denen nicht mehr dran ist als an einem Fetzchen Handschuhleder? Und doch trägt so ein dürrer Wicht noch gut und gerne zehn, zwanzig Millionen Sporen. Wo haben sie sich versteckt? Sie haben sich überhaupt nicht versteckt oder jedenfalls kaum. Sie sitzen an der Oberfläche beziehungsweise, da die meisten Pilze einen Hut haben oder sich doch zu einer Art Hut ausweiten, an der Unterfläche. Da diese Fläche aber nicht ausreichen würde, die für die Vermehrung nötige enorme Zahl von Sporen aufzunehmen, so hat die Natur sie auf sinnreiche Art vergrößert: Beim Champignon zum Beispiel durch die rasierklingendünnen Blätter oder Lamellen, die von der Peripherie zum Stiel hin laufen, beim Steinpilz durch das Polster von Röhren, beim Habichtspilz durch die Stacheln, beim Pfifferling durch die adrigen Leisten, beim Hahnenkamm durch die reiche Verzweigung. Mit dem Trick der Oberflächenvergrößerung hat sie die Anzahl der Sporen auf das Zwanzigfache bis Hundertfache gesteigert. Millionen, Milliarden von Sporen sitzen auf dieser derart vergrößerten Oberfläche, eingebettet in die sogenannte Fruchtschicht wie Grashalme in den Wiesenböden. Legen Sie einmal eine Lamelle unter das Mikroskop. Bei nur hundertfacher Vergrößerung sehen Sie, daß diese Lamelle über und über mit Sporen bedeckt ist, die meist zu vieren an einem Stielchen, einem kleinen Ständer sitzen. Das Ganze nimmt sich wie ein waldiger Berggrat aus oder wie ein Platz, auf dem eine Kundgebung stattfindet. Alles in allem das fünfte Wunder!

Daß die Natur, um die Vermehrung zu sichern, den Pflanzen eine erstaunliche Menge von Samen zuteilt, ist bekannt. Aber warum gerade den Pilzen unbegreifliche Milliarden? Einfach darum, weil die Sporen keine Samen sind. Der Same ist sozusagen ein der Erde zur Entwicklung und Geburt anvertrautes Kind. Die Spore ist eine männliche oder weibliche Zelle, und ob sich diese Zellen im Weltraum des Waldes finden, genauer gesagt: Ob sich die von ihnen gebildeten Myzele vereinigen, ist mehr als ungewiß. Die so vielfältige und komplizierte Fortpflanzung der Pilze schildert Ihnen das Pilzbuch, jedenfalls ist sie – das dürfen Sie mir glauben – das sechste Wunder, aber nicht das letzte. In Wahrheit sind es mindestens sechs mal sechs!

Die Leiter

Sie mögen sechs Pilzwunder kennen oder sechsunddreißig, Sie mögen mit der Zeit ein Pilzgefreiter, ein Pilzleutnant oder gar ein achtungsgebietender Pilzmajor werden, der unzählige Arten beherrscht – in jedem Fall müssen Sie wissen, welche Bewandtnis es mit den Arten und anderen Einteilungsbegriffen hat. Hier verlieren Sie wenig Zeit damit, sparen sich dann aber auf der Suche im Buch und im Wald viel. Befürchten Sie nichts Schlimmes, Theoretisches, steigen Sie getrost mit mir jene bekannte Leiter hinauf, die vom Besonderen zum Allgemeinen, von der Art über die Gattung, die Familie und die Ordnung bis zur Klasse reicht.

Die Art ist normalerweise die kleinste Einheit im System der Pilze. So zum Beispiel stellt der Bratling eine Art dar. Sie umfaßt sämtliche Bratlinge, die es je gegeben hat und je geben wird, und bekräftigt ihr Dasein zur Freude der Pilzsammler jährlich durch Hunderttausende von Exemplaren. Bratlinge gehören – obwohl ihr Name von Brot kommt – gebraten, und zwar kurz und scharf. Versuchen Sie das einmal, streuen Sie dann etwas Salz darauf, essen Sie ein Stück Brot dazu, und Sie sind mindestens im fünften Himmel. Aber nur dann, wenn Sie nicht zum Messer greifen, bevor das Fett in der Pfanne prasselt, denn die Bratlinge enthalten einen Saft und würden – zu früh geschnitten – gewissermaßen ausbluten. Der milchige, harzige Saft ist weiß und verfärbt sich an der Luft bald braun.

Nun gibt es in Europa siebzig Pilzarten, die bei Verletzungen »Milch« ausscheiden. Beim echten Reizker ist sie rot und färbt sich langsam grün, bei anderen Arten ist sie fast wasserklar und bleibt unverändert. Kein Wunder, daß alle diese Arten zusammen die Gattung der Milchlinge bilden. Welcher Vorteil! Sie brechen einen Pilz, aus der Bruchstelle quillt Milch, also muß es ein Milchling sein. Die paar kleinen Helmlinge, welche auch in Frage kommen, milchen nur am Stiel. Die Gattung ist Ihnen sicher.

Die Milchlinge also milchen, wenn man sie bricht, aber sie brechen auch richtig auseinander. Ihr Fleisch zeigt keine Neigung, zu fasern oder sich zu spalten, sondern platzt oder bröckelt wie bei einem mürben Apfel. Diese drastische Sprödigkeit, auffällig besonders am Stiel, kennzeichnet jedoch auch die Gattung der Täublinge. Kein Täubling, gleich welcher Art – und es gibt rund hundert –, der nicht spröde wäre. Es ist seine charakteristischste Eigenschaft, obwohl die meisten Bücher sie ihm nur dann in die Personalbeschreibung setzen, wenn sie den Mittelwert auffällig über- oder unterschreitet. Kurzum, die beiden spröden Gattungen haben sich zu einer spröden Familie zusammengefunden, zu der Familie der Sprödblättler nämlich. Jeder Pilzfreund wird diese im Himmel der Systematik geschlossene Ehe begrüßen – ist ihm doch bei Pilzen, die auf solche Weise auseinanderbrechen, wenigstens die Familie sicher.

Sprödblättler aber sind – wer möchte das bezweifeln – Blättler: Hutpilze, deren Hüte, von unten besehen, einem engspeichigen Rad gleichen, über dessen Speichen der Neuling so gern mit dem Finger streicht. Blättler hinwiederum gibt es viele, Sie brauchen, um das festzustellen, nur einmal die Bestimmungstabelle eines modernen Pilzbuches aufzuschlagen, Sprödblättler, Freiblättler, Wachsblättler, Schleierblättler, Rotblättler, Hellblättler – Blättler, die ihre Blätter im Namen, andere, die sie nur in Wirklichkeit tragen. Es wird Sie nicht überraschen, daß alle diese Familien in der Ordnung der Blätterpilze vereinigt sind. Noch immer ein Vorteil! Bei jedem Pilz, der Blätter hat, ist Ihnen zumindest eines sicher: die Ordnung. Und mit der Ordnung haben wir auch schon die vorletzte Sprosse der Leiter erreicht.

Um die letzte zu nehmen, muß man sich allerdings in die Welt des Mikroskops begeben. Dort erst stellt sich heraus, daß nicht nur bei den Blätterpilzen die Sporen auf kleinen Ständern sitzen – wovon bereits im vorigen Kapitel die Rede war –, sondern auch bei den Röhrenpilzen, bei den Nichtblätterpilzen und anderen. Begreiflicherweise haben sich sämtliche Ordnungen, bei denen diese Konstruktion herrscht, zur Klasse der Ständerpilze vereint, während die übrigen Ordnungen, deren Arten ihre Sporen wie Erbsen in eine Schote, in eine schlauchförmige Zelle legen, die Klasse der Schlauchpilze bilden. Freilich ist auch das noch ein Vorteil, aber ohne Erfahrung und Mikroskop ein rein theoretischer. Mit anderen Worten: Die Aussicht ist auf der letzten Sprosse der Leiter für den Anfänger schlecht, denn er steckt dort bereits im Nebel der Wissenschaft.

Ordnung durch Ordnungen

Sie werden, denke ich, nicht unglücklich sein, wenn ich Sie auf der Leiter jetzt wieder eine Sprosse herunterhole, wenn ich also von der Klasse zur Ordnung zurücksteige, die dem Laien eine viel bessere und ungemein anschauliche Übersicht bietet. Glauben Sie nicht, das sei auch bei anderen Pflanzen der Fall. Die herkömmlichen botanischen Systeme gehen ja – das muß ich hier zum Verständnis leider erwähnen – vom Bau der Fruchtanlage aus. Sie bildet aber samt Staubgefäßen und Narbe, Griffel und Fruchtknoten normalerweise nur einen kleinen und wahrhaftig nicht charakteristischen Teil der Pflanze. Umgekehrt ausgedrückt: Die Gesamterscheinung zum Beispiel einer Blume, die Form der Blüten und Blätter, der ganze Wuchs sagt wenig über ihre botanische Zugehörigkeit. Im Gegenteil, oft genug sind die ähnlichsten Blumen gar nicht, die verschiedensten nahe miteinander verwandt. Bei den Pilzen hingegen ist das gottlob anders. Sie stellen – wie Ihnen vielleicht im Gedächtnis geblieben ist – selbst nur eine Art Blüten oder Früchte, gleichsam oberirdische Fruchtanlagen dar. Sind sie ähnlich gebaut, so sind sie nicht nur verwandt, sondern im großen und ganzen auch sofort als Verwandte zu erkennen.

Der schon geschilderte Trick der Oberflächenvergrößerung wirkt sich für den Neuling erfreulich aus. Er zeigt viele verschiedene Ausführungen, und immer entsteht dabei eine anschauliche Form, ein einprägsames Modell. Da jedes Modell einer bestimmten Ordnung oder wenigstens einer bestimmten Familie des Systems entspricht, ist es für Sie nicht schwer, die Pilze auf den ersten Blick richtig einzuordnen: Alle Pilze zum Beispiel, die Blätter haben, gehören eben zur Ordnung der Blätterpilze und können im Bestimmungsbuch unter diesem Begriff gesucht werden; alle Pilze, die Röhren haben, gehören zur Ordnung der Röhrlinge, und man braucht sie nur richtig anzuschauen, um sie richtig nachzuschauen. Wie einfach!

Nicht ganz so einfach ist es leider bei der Ordnung der Nichtblätterpilze. Zu ihr müßten ja, wenn der Name nicht trügt, alle Pilze gehören, die keine Blätter haben. Aber schon für die Röhrlinge gilt das nicht und ebensowenig für die Bauchpilze oder für die Trüffelpilze. Zur Ordnung der Nichtblätterpilze gehören hingegen die herrlich unrasierten Stachelpilze, also zum Beispiel der Habichtspilz oder der Semmelstoppelpilz; die Leistenpilze, wie der Pfifferling und seine Verwandten, immer ein wenig neidisch, weil sie es nicht zu richtigen Lamellen gebracht haben; die Korallenpilze, welche mehr nach Meeresgrund als nach Moosgrund aussehen; die Porlinge, auf der Unterseite einem von Generationen zerstochenen Nadelkissen gleich, und noch einige unauffälligere Familien. Pilze dieser Ordnung verraten dem Unerfahrenen also nur ihre Familie. Die aber im allgemeinen sofort, und das hebt die Schwierigkeit praktisch beinahe wieder auf.

Die Bauchpilze hinwiederum haben es *in* sich. Sie haben, genauer gesagt, statt einer vergrößerten Oberfläche eine vergrößerte Innenfläche. Mit Ausnahme der Stinkmorcheln sind alle Pilze dieser leicht kenntlichen Ordnung – und sie ist über und unter der Erde reich an originellen Arten – nichts als Sporenkapseln oder, zur Zeit der Reife, kleine Sporenvulkane. Gewiß erinnern Sie sich an die weißen Eierboviste, die plötzlich auf abgemähten und abgegrasten Wiesen erscheinen, als habe ein Zauberhuhn sie über Nacht gelegt, und die später, braun und papierleicht, unter dem Tritt der Tiere oder dem Sog des

Windes, Wölkchen von Staub ausstoßen. Oder an die Flaschenstäublinge, welche mit dem kugligen Kopfteil und dem gondelartigen Stiel aussehen, wie wenn sie eben im Begriff wären, zu einem Ballon-Wettrennen aufzusteigen. Oder auch an die zuweilen als Raritäten abgebildeten Erdsterne, eine Mischung aus Seesternen und Marzipan. Leider führen die unterirdischen Arten oft selbst den Kenner an der Nase herum. Sie bilden sich nämlich ein, Trüffeln zu sein, und der Finder glaubt das meistens auch.

Die Trüffeln natürlich glauben das nicht. Sie sehen auf diese Doppelgänger, auf diese Schleimtrüffeln, Schwanztrüffeln und Erdnüsse nicht nur mit dem Vorurteil einer anderen Klasse – der Schlauchpilze nämlich –, sondern auch mit dem ganzen Hochmut einer weltbekannten Delikatesse herab, obwohl es auch in ihren Reihen einige ordinäre und ungenießbare Arten gibt, allen voran die warzige Hirschtrüffel, welche nur unter den Gourmets des Rot- und Schwarzwildes als Leckerbissen gilt. Für den Pilzfreund ist dieses Doppelgängertum ärgerlich, doch ist der Ärger vorwiegend theoretisch: Wer findet schon unterirdische Pilze, ob sie nun zur Ordnung der Bauchpilze oder zu jener der Trüffeln gehören, wenn er nicht mit Schweinen durch den Wald zieht oder sich spezialisiert hat?

Auch bei der Ordnung der Schüsselpilze, die ebenfalls zu den Schlauchpilzen gehören, gibt es einige Schwierigkeiten. Zu ihr nämlich gehören alle Pilze, die ihre Sporenschicht – wie etwa eine braune, innen weiße Schüssel ihr Weiß – zugleich außen und doch innen tragen, auch wenn sie keineswegs wie eine Schüssel aussehen. Die Becherlinge zwar machen, ob gestielt oder ungestielt, adrig oder zackig, vom winzigen Kohlenbecherling und dem prächtig gefütterten Orangebecherling bis zum kinderfaustgroßen Kronenbecherling, dem Namen der Ordnung alle Ehre, obwohl einige von ihnen Krügchen oder Tierohren ähneln. Die Morcheln und Lorcheln und Verpeln hingegen haben die Schüsselform bis zur völligen Unkenntlichkeit verarbeitet. Sie sehen aus wie eine Mischung von Bienenwaben und russischen Zwiebeltürmen, wie gestielte Gehirne, wie aufgehängte und vergessene Gnomenmützen, und der Neuling kann ihnen das nur darum verzeihen, weil sie in jedem Pilzbuch abgebildet sind und überdies zu den kostbarsten Geschenken des Waldes, zumal des Frühlingswaldes, gehören.

Der seufzende Liebhaber

Hoffentlich glauben Sie jetzt nicht, die Einteilung der Pilze zu beherrschen, denn mit dem gleichen Recht könnten Sie nach einem Rundgang durch das Vatikanische Museum überzeugt sein, die Kunst der Antike zu kennen. Die Weisheit, welche ich Ihnen in den vorhergehenden Kapiteln aufgetischt habe, ist höchstens eine Hinweisheit.

Ich habe Ihnen zum Beispiel von den elf Ordnungen, die Großpilze enthalten, fünf unergiebige und wenig bekannte verschwiegen, unter anderen die der Gallertpilze mit einigen seltsamen Arten, die wie aus Pudding geformt sind und sich immerhin zu Salaten eignen. Nun, das ist nicht schlimm, jedes gute Bestimmungsbuch schließt diese Lücke sofort. Aber selbst das beste ruft Ihnen nicht genügend ins Gedächtnis, daß die Natur auch bei der Herstellung von Pilzen mit den Normen recht frei verfährt. So säuberlich sie die Ordnungen vorgezeichnet hat, so besorgt war sie zugleich, einige hübsche und ärgerliche Ausnahmen von der Regel zu schaffen.

Von den falschen und echten Trüffeln habe ich schon erzählt. Der Klebrige Hörnling hingegen, welcher gelb und verästelt auf moosigen Fichtenstümpfen wächst, könnte Ihnen jahrelang weismachen, ein kleiner Ziegenbart zu sein, bis Sie ihn eines Tages unter der Ordnung der Hornpilze abgebildet und beschrieben finden. Ähnlich steht es mit dem Birkenblättling, der trotz seiner scheinbaren Lamellen ein zäher Porling ist und bleibt. Je pedantischer Sie ihn betrachten, je verkehrter ordnen Sie ihn ein. Und genauso nützt der Zitterzahn Ihr Vertrauen aus. Sie werden wetten, daß seine Zähne Stacheln sind, obwohl er mit den Stachelingen so viel oder so wenig gemein hat wie ein adlernasiger Bauer aus dem Karwendel mit einem Indianer aus dem Cheyenne-Reservat in South Dakota.

Dennoch sind Pilze verschiedener Ordnung im allgemeinen so leicht zu unterscheiden wie etwa Menschen verschiedener Rassen. Ein Blätterpilz läßt sich sowenig mit einem Bauchpilz verwechseln wie ein Afrikaner mit einem Mongolen. Bei den Familien und Gattungen freilich liegt – wie bei den Völkern und Stämmen – der Fall schon schwieriger. Auf den ersten Blick, sagen wir, Trichterlinge und Kremplinge auseinanderzuhalten, dürfte genauso schwer sein, wie einem Chinesen auf den Kopf zuzusagen, daß er kein Japaner ist. Und von einem Rübling mit Sicherheit zu behaupten, er gehöre nicht zu den Ritterlingen, wäre das gleiche Kunststück, wie einem Italiener auf Anhieb zu erklären, seine Wiege stände nicht in Bologna, sondern in Brindisi. Und dabei habe ich noch nicht – wie Sie gleich merken werden – diejenigen Trugformen und Maskierungen erwähnt, welche gewissermaßen nicht vorgesehen sind, sondern mehr oder weniger zufällig entstehen.

Wie viele Pilze zum Beispiel schlagen ihren Hut im Alter nach oben, und man findet dann eine Schüssel, wo man einen Schirm erwartet. Andere verlieren durch Witterung und Verwitterung den Ring um den Stiel oder die Flocken auf dem Hut oder die Scheidenhülle und damit nicht nur eine Zierde, sondern ein wichtiges Kennzeichen, – worauf denn mancher ahnungslose Sammler Toxine nach Hause bringt statt Vitamine. Und erst die Farben! Bei Regen braun, bei Trockenheit weiß; im Wald rot, auf der Lichtung rosa und beige; unter Fichten kupfrig, unter Eichen gelblich grau, und im einen wie im anderen Fall jeweils die gleiche Art! Der Ungewitzte gerät natürlich in Verwirrung, und man hört förmlich die Kobolde kichern, daß er nicht die Wirklichkeit sieht, sondern nur das Schema. Tröstlicherweise entwickelt sich gerade durch solche Täuschungen und Enttäuschungen bald ein Gefühl für das eigentliche Wesen, für den »Habitus«, und schließlich erkennt das geübte Auge die Zugehörigkeit meist rascher als der Verstand samt Bestimmungstabelle.

Leider werden Sie mit der über ein Jahrhundert gebräuchlichen und für das Auge so plausiblen Einteilung nicht nur im Pilzwald, sondern seit neuestem auch im Pilzbuch einige unliebsame Überraschungen erleben. Während Sie nämlich mit dem Recht des Unbefangenen glauben, der Mykologe sei Ihretwegen da, also um Ihnen das

Sammeln und Bestimmen zu erleichtern, glaubt der Mykologe mit dem Recht des Forschers, er sei der Pilze wegen da, also um sie immer gründlicher zu enträtseln. Da er nun diese Enträtselung seit drei Jahrzehnten mit einer raffinierten Labortechnik und den scharfsichtigsten Mikroskopen betreibt, hat er eine Reihe neuer Erkenntnisse gewonnen, und diese neuen Erkenntnisse fordern neue Einteilungen: Heutzutage wird die Verwandtschaft der Pilze weniger nach ihrer äußeren als nach ihrer inneren Ähnlichkeit, weniger architektonisch als biologisch entschieden. Das Auge kommt nicht mehr auf seine Rechnung, weil das Mikroskop die Rechnung macht. Die Forscher nennen diese Einteilung die Ablösung des künstlichen Systems durch ein natürliches. Der Laie denkt genau umgekehrt, der Liebhaber steht seufzend in der Mitte!

Vielleicht hat in einigen Jahrzehnten die gute alte Pilzhierarchie endgültig das Zeitliche gesegnet, vorläufig herrscht das Interim, auf deutsch: ein Durcheinander. Das alte System gilt nicht mehr ganz, das neue, wechselnd und umstritten, noch nicht. Machen Sie sich also darauf gefaßt, daß zum Beispiel Gattungen des einen Buches in einem anderen als Familien erscheinen. Daß plötzlich eine Unterfamilie, eine Reihengruppe, ja ein Tribus, ein Subtribus auftaucht. Daß die Röhrenpilze bei den Blätterpilzen hospitieren oder das Volk der Ritterlinge in mehrere Stämme zerschlagen ist. Kurzum: Daß Sie statt einer festen Ordnung zunächst eine babylonische Verwirrung vorfinden. Legen Sie aber in Ihrer Verzweiflung die Pilzbücher nicht weg, sondern nebeneinander, Sie werden dann allmählich feststellen, daß die herkömmliche Einteilung noch immer den Grundriß bildet.

Und bedenken Sie, wie sehr Sie auch seufzen und grollen, daß es den Mykologen unvergleichlich mehr Mühe macht, die Pilze immer wieder neu zu verstecken, als Ihnen, sie immer wieder neu zu suchen. Im übrigen: Welch armseliges Vergnügen, das nur ein Vergnügen wäre!

Die Jagdausrüstung

Ich beginne dieses Kapitel mit der freudigen Mitteilung, daß es nunmehr ans Sammeln geht. Vom Wild nämlich wissen Sie vorläufig genug, aber noch wenig von der Jagd – von der bedächtigen und doch immer mit kleinen Spannungen gespickten Pilzjagd, die alle anderen an Illusionen übertrifft und es sich trotzdem leisten kann, diese Illusionen nicht zu erfüllen. Der Jäger, welcher ausgezogen ist, einen Rehbock oder einen Fasan zu schießen, und ohne Beute heimkehrt, fühlt sich beschämt. Der Pilzjäger, welcher ohne die erträumten Rotkäppchen oder Grünlinge nach Hause kommt, ist guter Dinge. Zufrieden legt er Maronenröhrlinge, Gelbfüße, Reizker auf den Tisch oder doch ein Sortiment Täublinge, Ziegenbärte und Boviste. Und sollte – wenigstens für seine Augen – der Wald wirklich so pilzleer gewesen sein wie ein Sandhaufen, bringt er doch die Erlebnisse der Wanderung, des Umherschweifens heim, während sein Kollege von der Flinte oder Angel nur die Erinnerung an den einen oder anderen Platz vorweisen kann, auf dem er stundenlang so unbeweglich ausharren mußte, als gehörte er in das Märchen von Dornröschen.

Was nun die Jagdausrüstung angeht, so sind sich die Zünftigen, die Pilzkenner vollkommen einig. Körbe, so sagen sie, soll man zum Sammeln mitnehmen, möglichst Deckelkörbe oder auch – Sie werden staunen – sorgsam durchlöcherte Schachteln und, wenn nötig, einen Rucksack zum Heimtransport dieser Behältnisse. Säcke, Netze, Tüten aller Art hingegen lehnen sie ab, außer für kleine Mengen und auf kurze Zeit. Pilze sollen von festen, luftigen Wänden umschlossen sein, damit sie sich weder erdrücken noch erhitzen, sondern an Gestalt und Gehalt tunlichst unversehrt bleiben.

Diese Vorschrift könnte im Hinblick auf die Pilze nicht vernünftiger sein, im Hinblick auf die Menschen jedoch verrät sie einen fast rührenden Optimismus. Schauen Sie einmal zu, wenn Pilzsammler an einem schönen Samstag- oder Sonntagabend in kleinen Rudeln aus dem Wald brechen. Sie werden keine Schachteln erblicken, geschweige denn durchlöcherte wie zur Maikäferjagd, wenig Körbe, einige Rucksäcke, eine Unzahl von illegalen Taschen, Säckchen, Netzen, Tüten und schließlich unverkennbare Notlösungen, wie zusammengeknotete Taschen- und Kopftücher, Dirndlschürzen, Regenkapuzen und Köfferchen. Ich selbst war durch Mangel an Voraussicht oder Überfluß der Natur oft genug gezwungen, auf Taschentuch und Mütze zurückzugreifen. Im übrigen habe ich als unberatener »Mushroomer«, wie es in England so hübsch einfach heißt, als »Pilzler« also, einige Erfahrungen erworben, deren Kenntnis die Experten für selbstverständlich halten und daher nicht erwähnen. Darum möchte ich, bei allem Respekt, die Vorschrift für die Jagdausrüstung durch folgende Ratschläge ergänzen:

1. Der TRANSPORTRAUM sollte nie wesentlich größer sein als die Kenntnisse und der Pilzappetit. Wenn Anfänger mit riesigen Rucksäcken und gewaltigen Körben losziehen wie ein alter gewiegter Pilzhamster, der sich seinen Wintervorrat einbringt, leeren sie den Wald und füllen den Abfalleimer.

2. Die strikte WARNUNG vor Tüten, Netzen und dergleichen stammt aus einer Zeit, in der die Menschen weder motorisiert noch Selbstversorger in Wochenend- oder Ferienhäuschen waren. Wer einen Wagen oder ein Standquartier besitzt, also sozusagen aus einer vorgeschobenen Stellung gegen die Pilze operieren kann, kommt durchschnittlich mit einer geräumigen Strohtasche und zwei festen Tragtüten gut aus.

3. Auch die richtigsten BEHÄLTNISSE nützen nichts, wenn die Pilzbeute falsch darinnen liegt, wenn die leichten, anfälligen Pilze unten, die schweren, festen oben untergebracht sind und wenn die bekannten und die unbekannten, die Speise- und die Giftpilze nicht säuberlich getrennt werden. Warum muß der Steinpilz unbedingt die Stockschwämmchen zerdrücken? Warum sollen einige Stückchen Pantherpilz beim Putzen übersehen werden und den Kochtopf in eine Giftretorte verwandeln?

4. Ein MESSER – am besten ein kleines Küchenmesser – tut gute Dienste. Zum Beispiel, um gleich an Ort und Stelle die schmierige Huthaut abzuziehen oder madiges Fleisch und Waldreste zu entfernen. Auch, um Pilze, die man genau kennt, abzuschneiden, damit man sie nicht

herausdrehen muß und dabei unnötig das Myzel verletzt. Auf keinen Fall aber darf man unbekannte Pilze, »Bestimmungspilze«, abschneiden, sonst schneidet man sich ins eigene Fleisch. Die Stielbasis nämlich gibt oft den entscheidenden Aufschluß. Einige Giftpilze stecken zum Beispiel in einer meist rasch verkümmerten Scheide, deren Reste man erst sieht, wenn man das Exemplar ganz behutsam aus dem Boden genommen hat, und die beiden bösen Champignons, der Karbolchampignon und der Perlhuhnchampignon, verraten sich vor dem Kochen oft nur durch die sofortige und auffällige Gelb-Verfärbung der Stielknolle.

5. Ein Pilzbuch nimmt nur der blutige Laie oder der wirkliche Fachmann mit in die Natur. Der erstere, weil er hofft, die ihm neuen Pilze sogleich bestimmen zu können, der letztere, weil er die Beschreibungen da und dort durch persönliche Beobachtungen ergänzt.

6. Ein Pilzkenner wäre – man verzeihe mir die unmenschliche Definition – in jedem Fall das beste Stück der Ausrüstung. Pilzexkursionen unter Führung eines Fachmannes also, wie sie in vielen Städten üblich sind, ersetzen begreiflicherweise Monate der Selbstbemühung. Wem die Zeit und die Gelegenheit dazu fehlen, der kann mit seiner Beute den Fachmann auch in der Beratungsstelle aufsuchen und sich auf diese Weise viele Irrtümer ersparen.

Freilich, es gibt hie und da auch in der Verwandtschaft oder Bekanntschaft Pilzkundige, von denen sich manches lernen läßt. Aber man sollte, wenn sie nicht über jeden Zweifel erhaben sind, ihre Kenntnisse doch nicht als bare Münze nehmen, sondern als einen Scheck, welcher der Kontrolle bedarf. Oft blüht bei ihnen lustig das Jägerlatein, dann wollen sie Champignons zentnerweise gefunden und Fliegenpilze kiloweise mit Haut und Haar verspeist haben – öfter noch fürchten sie um ihren Nimbus und empfehlen oder verwerfen infolgedessen mit der sichersten Miene der Welt Pilze, die sie gar nicht oder nur ungenügend kennen. Wer die Macht der Eitelkeit und die Tücken der Pilze kennt, wird mir recht geben. Wenn irgendwo, dann heißt im Reich der Pilze Wissen Sichvergewissern. Nur sollte diese Vorsicht nicht dazu führen, jeden Rat als Großsprecherei, jeden Onkel auf dem Lande als einen potentiellen Giftmörder zu betrachten.

Suche nach dem Pilzarkadien

Pilzesammeln ist – wenn man nicht sein Brot damit verdienen muß – ein Fest, ein Glückszustand, ein Sport, ein Abenteuer, aber auch eine halbe Wissenschaft. Die Wissenschaft der Praxis oder die Praxis einer Wissenschaft, je nachdem. Trotzdem ziehen viele Anfänger so gläubig und unbelehrt aus wie Parzival. Sie suchen, drastisch gesagt, zur falschen Zeit am falschen Platz auf falsche Weise den falschen Pilz und merken es nicht einmal, weil sie trotzdem etwas nach Hause bringen, wenn auch meistens etwas anderes, als sie gedacht hatten. Ja, oft genug strafen sie alle Erfahrungen und Theorien Lügen und kehren von ihren Wanderungen ins Blaue mit reicherer und edlerer Beute heim als der Kenner von seiner gezielten Expedition. Wie auch immer, der Fundort ist nicht nur ein Ort, an dem man findet, sondern auch ein Ort, der gefunden sein will, denn er liegt je nach Art und Familie eines Pilzes in recht verschiedenen Gegenden und Umgebungen.

Gewöhnlich sind die abgelegensten die günstigsten. Der Pilzreichtum steigt, mathematisch ausgedrückt, mit dem Quadrat der Entfernung von der Zivilisation: vom Stadtrand, von Campingplätzen, von Picknickwäldern, von Badeseen, von Autostraßen, Kanälen, Kurpromenaden, Parzellierungen, Kunstdüngerwiesen, Axtschlägen und Hu-hu-Rufen. Wo der Wochenendberserker herumwütet, Verwendbares ausrottet, Unbekanntes mit der Stiefelspitze traktiert; wo der Forstmann den gestürzten Baum und der Bauer den Wurzelstock entfernt; wo der Geometer und der Hotelier erscheinen, wandern die Pilze aus wie im Märchen die Zwerge. Doch hat auch diese Regel ihre Ausnahmen. Manche unempfindliche oder unbeachtete Arten halten sich an der Peripherie des Menschenreiches recht gut, und gewisse abfallhungrige Pilze – unter ihnen immerhin so delikate wie der Gartenchampignon und der Schopftintling – suchen sie sogar. Ihnen behagen Schuttplätze, Kiesgruben, Dungstätten, Komposthaufen und ähnliche Bezirke des Überganges.

Ein gewiegter Pilzjäger trauert zwar über die ausgeraubten, durchgekämmten Wälder und die chemisch gereinigten Wiesen, aber er findet noch im trostlosesten Ausflugshain eine volle Mahlzeit und zaubert aus dem Stadtpark oder den Kanalauen Pilzdelikatessen heraus wie ein Illusionist Tauben aus seinem Zylinder: Morcheln aus dem Erlen- und Pappelgrund hinter einem Elektrizitätswerk, Austernseitlinge und Samtfußrüblinge hoch aus den Weiden am Stausee, Büschel des köstlichen Rauchblättrigen Schwefelkopfes aus Kiefernstümpfen, Mousserons zu Hunderten gleich hinter dem Hotelbau aus der Nadelstreu, Scheidenstreiflinge aus dem Rain am Parkplatz. Glauben Sie jedenfalls nie, daß es irgendwo – außer in eisigen oder glühenden Wüsteneien – keine Pilze gäbe. Ich selbst habe schon in einem höchst vornehmen Garten den Braunen Dachpilz gefunden, in einem Brunnenhaus Grubenlorcheln und auf 2000 Meter Höhe den Weißen Krempentrichterling und alle diese mit Behagen gegessen.

Immerhin, Menschennähe, Hitze, Kälte, trockenen, steinigen Boden, aber auch Sumpf oder durchrieselten Grund lieben die Pilze nicht. Dagegen sind sie begeistert von feuchter, warmer Erde unter einer dicken Decke der Verrottung, von Moospolstern und lichtem Gras, von einer Luft, in der sich Sonnenschein und Wasserdampf milde mischen, von Halbschatten und lockeren Blätterverstecken. Das Pilzarkadien wäre etwa ein weithin sich dehnender Mischwald, von Lichtungen unterbrochen, von Bauern- und Jägerpfaden durchzogen, ein geologisch vielfältiges Gebiet, das aus freundlichen Flußniederungen und einsamen Birkenheiden aufsteigt bis zu Lärchenbeständen und Viehweiden.

Diesem Arkadien kommen in Europa wohl am nächsten die Pilzdorados des waldreichen, karg besiedelten Ostens, jenseits einer Linie, die noch Schweden einschließt, südlich des Böhmisch-Bayerischen Waldes den Alpen entlang nach Westen verläuft und schließlich dem ehemaligen Jugoslawien und Mazedonien zustrebt. Dort drüben geht, unbekümmert um Politik und Weltanschauung, Sankt Antonius, der Pilzheilige, Arm in Arm mit Pan durch die Forste, atmen frei die endlosen Wälder, liegt der tägliche Pilz neben dem täglichen Brot.

Man braucht nicht gerade, wie das Ehepaar Wasson in seinem originellen Buch, die Welt in den pilzliebenden Osten und den pilzfeindlichen Westen zu teilen, aber man kann nicht leugnen, daß die östliche Hemisphäre den Pilzen günstiger gesinnt ist als die westliche. Dafür spricht auch die Reihe ihrer hervorragenden Mykologen, die Anerkennung, welche an den dortigen Tafel auch Pilzarten gezollt wird, welche man bei uns zu Unrecht verachtet, und nicht zuletzt ein amtliches Kompliment an die Pilze: Die Serien anmutiger und appetitanregender Pilzbriefmarken, seinerzeit herausgegeben von der Tschechoslowakischen und Bulgarischen Post. Und der ferne Osten? Eine Dame, die lange in China gelebt hat, erzählte mir, sie sei einmal zusammen mit einer hohen chinesischen Gönnerin in ein Buddhistenkloster eingeladen worden, und der Abt habe ihr, in Kenntnis ihrer Pilzleidenschaft, zu Reis und Nudeln siebzig verschiedene Pilzgerichte vorsetzen lassen. Das sagt alles, selbst wenn man weiß, daß buddhistische Mönche Vegetarier sind.

Der Speisezettel als Meldezettel

Ein Arkadien für Pilze, eine Idealgegend für Pilzsammler ließe sich, wie gesagt, zwar vorstellen, sähe aber genauso unglaubwürdig aus wie die Ideal-Landschaft des Barock, welche Meeresbrandung und Gletscherleuchten, brütende Moore und gischtende Wasserfälle, Marktgetriebe und Waldeinsamkeit in sich vereint. In dürren Worten: Es gibt keine Idealgegend, weil viele Gegenden ihre eigenen Pilze oder viele Pilze ihre eigenen Gegenden haben. Der Laie will das nicht so recht einsehen. Was er den Grünpflanzen ohne weiteres zugesteht, nämlich die Abhängigkeit von Klima und Höhenlage, nimmt er den Pilzen beinahe übel. Während er der edlen Rose niemals zumuten würde, in den Wäldern der Hohen Tauern zu gedeihen, oder die Zirbelkiefer auch nicht im Traum am Nordseestrand suchen würde, ist er zunächst ungehalten, daß der Kaiserling, ein Kind des Südens, nicht im Bayerischen Wald oder der bergliebende Keulenpfifferling nicht in der Märkischen Heide vorkommt. Und schon gar nicht will ihm die Bindung vieler Pilze an bestimmte Waldbestände in den Sinn. Er vergißt, daß die Nahrung des Pilzes zum größten Teil aus Resten von Pflanzen und Tieren besteht und daß diese Kost nicht überall gleich ist. So wie ein Afrikaner Robbenfett oder ein Eskimo voraussichtlich Paprikaschoten verschmähen würde, schmeckt eben manchen Pilzen die Nadelstreu nicht und anderen nicht das Fall-Laub.

Wenn Sie auf der Pirsch nach Pilzen Enttäuschungen vermeiden wollen, so schauen Sie vorher den Speisezettel der Pilzarten nach, auf die Sie es besonders abgesehen haben. Gehen Sie nicht in Laubwälder, wenn Sie Reizker, Grünlinge, Gelbfüße, Butterpilze, Mousserons oder Rauchblättrige Schwefelköpfe zu finden hoffen, denn ebensogut könnten Sie in Austern nach Diamanten fahnden. Meiden Sie andererseits den Nadelwald, falls Ihnen etwas an Stockschwämmchen, Morcheln, Frauentäublingen, Sommertrüffeln, Pfeffermilchlingen oder Totentrompeten liegt, weil Sie sonst mit leichtem Korb und schwerem Herzen nach Hause kommen. Ich habe hier einige bekannte und ziemlich exklusive Laub- beziehungsweise Nadelköstler genannt, viele andere Pilzarten sind nicht gerade eingeschworen auf eine bestimmte Humusart, zeigen aber doch Vorlieben oder Abneigungen. Der Bratling etwa schätzt den Nadelwald nicht sehr, obwohl man ihm zuweilen dort begegnet, während umgekehrt der Habichtspilz den Laubwald nicht mag, wenngleich er auch dort manchmal wächst. Und manche Arten, wie zum Beispiel der Knollenblätterpilz, der Pfifferling, der Steinpilz und andere, haben das Problem einfach dadurch gelöst, daß sie zwei Unterarten ausgebildet haben, die eine mehr für diesen, die andere mehr für jenen Waldbestand.

Wie einfach hätte es der Sammler, wäre damit das Kapitel der Heikelkeit beendet – aber leider sind die Pilze nicht nur mit der pflanzlichen, sondern auch mit der mineralischen Kost wählerisch. Es gibt ausgesprochene Kalkfresser, wie den Schmerling, die Speisemorchel, den Blutreizker, oder nur Kalkliebhaber, wie die Goldgelbe Koralle und den Goldtäubling. Andere hingegen weisen diese milde basische Zuspeise zurück und können nur auf kieselsauren oder doch nadelsauren Böden leben: der Grünling etwa, der Reifpilz, der Maronenröhrling. Wo Sie Vertreter der einen Partei entdecken, werden Sie nach Vertretern der anderen meist vergeblich fahnden. Sie brauchen nun zwar nicht mit dem Hämmerchen und der marmorierten Gesteinskarte auf die Suche zu gehen, aber eine gewisse geologische Kenntnis der Gegend kann Ihnen nur nützen, denn auch Lehmerde, Tonerde, Torfboden und Sandboden haben unter den Pilzen ihre Kostgänger. Wo die Gesteine dicht und kraus ineinandergreifen, hat es freilich keine Not, wo aber eine bestimmte geologische Formation herrscht, erlebt der artenfreudige Sammler Kummer, wenn er nicht darauf vorbereitet ist. Als ich einmal im Inntal von der Kalkseite zur Urgesteinseite hinüberwechselte, hatte ich wahrhaftig den Eindruck, mit dem Fluß die Grenze zweier Pilzreiche überschritten zu haben.

Ein Pilzreich kann so vielfältig sein, wie es will, es mag Kalkländer und Kieselgurländer, Laubwald- und Nadelwaldprovinzen umfassen, immer wird es in seinen Grenzen einige Pilzarten beherbergen, die noch speziell an bestimmte Baumarten gebunden sind. Ich meine hier nicht spezialisierte Schmarotzerpilze wie den Birkenporling, den Weidenporling oder die Eichenglucke, unter denen es wenig genießbare Arten gibt, sondern die sogenannten Mykorrhiza-Pilze. Mykorrhiza ist bei Baum und Pilz ungefähr das gleiche wie Symbiose beim Einsiedlerkrebs und der See-Anemone, also eine Lebensgemeinschaft auf Basis gegenseitigen Nutzens. Die Fasern des Pilzgespinstes wachsen mit den äußersten Saugwurzeln des Baumes zusammen, worauf gewisse Nährstoffe vom Riesen zum Zwerg, andere vom Zwerg zum Riesen fließen.

Das gereicht nicht nur den beiden, sondern auch dem Pilzfreund zum Vorteil. Wenn er nämlich weiß, daß zum Beispiel der Goldröhrling nur unter Lärchen wächst, der Birkenpilz nur unter Birken, der Eichenreizker nur unter Eichen, der Kupferrote Gelbfuß nur unter Kiefern, wird er sie nicht unter anderen Bäumen suchen. Freilich steht nicht unter jeder Lärche ein Goldröhrling, während doch über jedem Goldröhrling eine Lärche steht, aber die Bäume machen diesen Nachteil meistens dadurch wett, daß sie verschiedene Pilzarten zu Wurzelfreunden haben. Übrigens ist nicht jeder Pilz, der nur bei einem bestimmten Baum gedeiht, mit Gewißheit auch ein Wurzelfreund, denn die Mykorrhiza nachzuweisen, ist äußerst mühselig. Darum nennt der Mykologe alle Pilze, deren Baumfreundschaft möglicherweise auch andere Gründe hat, zurückhaltend »Begleitpilze«. Eichenbegleiter, Buchenbegleiter, Kiefernbegleiter, Zitterpappelbegleiter – welch eine Fülle von Kavalieren! Nur leider haben manche von ihnen gleich zwei feste Verhältnisse. Sie teilen ihre Neigung etwa zwischen Eiche und Buche, Birke und Erle, ohne daß man dies ihrem Namen ansieht.

Zu einer solchen Untreue haben die Wiesenellerlinge, die Feldschwindlinge, die Ackerschirmlinge, die Mairitterlinge und viele andere Außenseiter keine Gelegenheit, denn sie lieben Bäume überhaupt nicht. Sie sind versessen auf Gras. Auf Wiesen, Weiden, Lichtungen, Wegraine, wobei allerdings ihre Neigung manchmal nicht nur dem Gras gilt, sondern auch dem Dung. Wiesenchampignons zum Beispiel bevorzugen den Grund von Gestüten oder die Wiesen, wo noch Bauernpferde arbeiten, und ziehen sich erst zurück, wenn der Fortschritt naht und aus dem Papiersack düngt. Im übrigen geht die Treue, die Gebundenheit der Grasliebhaber nicht so weit, daß sie etwa grundsätzlich am Waldrand haltmachen wie vor einer feindlichen Front. Der Feldschwindling lebt oft hundert Meter hinter dem Kuhgatter, und mancher Wiesenchampignon schämt sich nicht im geringsten, weit von der Heimat entfernt, mitten im Tann, aufzutreten.

Nehmen Sie also alle Angaben über Standort und Verbreitung, über das Vorkommen nie zu wörtlich. Ein Pilzbuch für den praktischen Gebrauch kann nicht mehr bieten als die Norm, und diese Norm ist in der Wirklichkeit meistens ein sehr dehnbarer Begriff. Da es für Pilze keine Meldepflicht gibt, kann man vielen auch an Plätzen begegnen, die in ihrem Paß nicht als Wohnort eingetragen sind.

Im Zick-zack

Der Kurs, den ein guter Pilzgänger beim Sammeln nimmt, ist so verschlungen wie der Lauf des Fadens, den Theseus im Labyrinth des Minotaurus nach sich zog. Er ist ein fortwährendes Hin und Her, Vor und Zurück, Kreuz und Quer, Zick und Zack und, falls man ihn überhaupt einen Weg nennen kann, so höchstens ein einziger Umweg. Der Anfänger jedoch kommt schwer von der Geraden los. Selbst wenn er über das Stadium hinaus ist, in dem man nur am Wegrand pflückt, hat er noch immer die Vorstellung, auf ein Ausflugsziel zuzugehen. Aber bei einem Pilzausflug sind die Pilze das Ziel, und dieses Ziel liegt sozusagen überall, zum Beispiel nicht nur vor dem Sammler, sondern jederzeit auch hinter ihm.

Glauben Sie nicht, das sei ein Scherz. Bleiben Sie ruhig beim Sammeln ab und zu stehen und äugen Sie so scharf in die Richtung, aus der Sie gekommen sind, als fühlten Sie sich verfolgt. Sie werden dann oft genug ihre weißen, braunen und roten Wunder erleben, diejenigen nämlich, welche Sie bei aller Aufmerksamkeit aus keiner anderen

Richtung sehen konnten. Die Pilze sind meistens Künstler im Sichverstecken. Sie ducken sich hinter Wurzeln oder tief ins Moos, kleben sich Blätter oder Tannennadelerde auf den Hut und treiben Mimikry wie Stabheuschrecken und Schmetterlinge. Zu den großen Künstlern, den Meistern der Tarnung, gehören – abgesehen von den Unterirdischen – vornehmlich Pilze, die den tiefen, lockeren Fallhumus oder das Moos lieben, zum Beispiel die Ritterlinge und die Pfifferlinge samt ihren Verwandten. Es ist so, als hätten sie Hände, um alles um sich und über sich zu ziehen, was sie verbergen kann.

Dafür gibt es andere, die sich so frei und prächtig aufstellen, als sei der Wald ein altes Pflanzenbuch mit kolorierten Kupferstichen. Wer einmal am Rand einer Lichtung zwei, drei gerade mündige Steinpilze gesehen hat, wie sie zum Umarmen rund und fest im lichten Gras stehen, wer einmal in einem Kiefernwäldchen vor Dutzenden von rosafarbenen Blutreizkern gestanden hat wie vor Krokussen auf einem Rasen, wer einmal den Gelbbraunen Riesenchampignon, zimtbraune Schuppen auf dem goldenen Hut, hoheitsvoll und einsam unter dem Schatten alter Tannen hat residieren sehen oder den Parasol, weithin sichtbar auf einem trockenen, grasigen Hang – der wird für einige Zeit sämtliche Tücken und Täuschungen wieder vergessen.

Gehen Sie also beim Pilzesammeln sowohl ihre eigenen als auch krumme Wege – und gehen Sie langsam! Machen Sie Bögen, ziehen Sie Schleifen, schalten Sie, sobald Sie nur im geringsten wähnen, etwas übersehen zu haben, den Rückwärtsgang ein, stoßen Sie in schattige Schluchten vor, obwohl Sie fürchten, nasse Füße oder

Bremsenstiche zu bekommen, scheuen Sie auch nicht die Nadelhiebe von halbwüchsigen Fichten oder alten Wacholderbüschen, und nehmen Sie sich nicht vor, an einer bestimmten Stelle, zu einer bestimmten Stunde wieder ins Freie zu kommen. Sie müssen sich so verhalten, als suchten Sie ein Perlencollier, das irgendwo in dem Waldgebiet verloren wurde und das Sie unbedingt finden wollen.

Wenn Sie diese Ratschläge befolgen, wird Ihre Ausbeute bald wachsen. Erstens, weil sich die Wahrscheinlichkeit, zu finden, erhöht, zweitens, weil sich Ihr Blick verhältnismäßig rasch auf Pilze einstellt. Möglicherweise haben Sie ein gutes Auge für Walderdbeeren oder wilde Orchideen, Käfer oder Vogelnester. Erhoffen Sie sich davon in Hinsicht auf die Pilze nichts. Das Auge sieht nur, was der Mensch dahinter zu sehen wünscht und zu sehen gewohnt ist. Das leuchtendste Rotkäppchen steht so ungefährdet vor einem Sammler mit Beeren-Optik, als sei es ein Tarnkäppchen, während sich der listigste Ritterling noch auf zwanzig Schritte vor einem Sammler mit Pilz-Optik nicht sicher fühlen kann.

Langsamer als der Blick für die Pilze entwickelt sich der Blick für das Pilz-Milieu, obwohl er durch die Kenntnisse, von denen im vorangegangenen Kapitel die Rede war, unterstützt wird. Ein unerfahrener Pilzfreund, der sich mit ökologischem Wissen vollgesogen hat, wird nach einem ganzen Tag mit geringerer und schlechterer Beute aus dem Wald zurückkehren als ein Pilzweiberl, das im gleichen Wald nur zwei Stunden unterwegs war. Was hilft es ihm, daß er auf der Suche nach Schmerlingen laut Buch in einen Kiefernwald eilt, wenn dort viel Farn wächst und er nicht schon erlebt hat, daß Farnkräuter

Pilzvertreiber sind? Und wie vergeblich steckt er seine Nase während einer kühlen regnerischen Zeit in das angeblich so pfifferlingshaltige Moos, wenn es ihm noch nicht geläufig ist, daß Pfifferlinge bei einer solchen Witterung lieber an trockeneren, wärmeren Stellen, an Wegrändern, an Wurzelflanken wachsen! Mit leeren Händen steht er da, samt seiner Pilzbuchweisheit. Sie ist eben nur bis zu einem gewissen Grade übertragbar, das heißt, sie trägt erst auf dem Boden persönlicher Erfahrung wirklich Früchte, um nicht zu sagen Pilze.

Die Moral von der Geschichte: Sammeln Sie, sammeln Sie! Dann wird sich allmählich auch der hellseherische Blick einfinden, den man am Pilzkenner so bestaunt. Dann dringen Sie in die Pilzgeheimnisse der Waldränder und Wegränder, der Holzplätze und Zaunregionen, des Ameisenhaufens und Reisiggestrüpps ein. Dann lernen Sie, daß es gute und schlechte Feuchtigkeit gibt, einladende und öde Trockenheit, Spätreviere und Frühreviere. Dann haben Sie, da viele Pilze wirklich rührend standorttreu sind, mit der Zeit auch Ihre festen Plätze – zum Beispiel »bei der verkrüppelten Birke links hinein und am Hochstand schräg rechts«.

Dann werden Sie aber auch wissen, daß die Natur immer wieder Ihre Erfahrung verspottet. Wo viel war, ist auf einmal nichts. Wo nichts sein dürfte, ist etwas. Wo man diesen erwartet, steht jener. Ich habe den giftigen Seidenrißpilz zum ersten Mal ausgerechnet in einem Bachgerinnsel gesehen und den seltenen Scharlachroten Gitterpilz neben einem Gartenweg. Ich habe den Gefleckten Gelbfuß, obwohl er mir als Lärchenbegleiter bekannt war, erst nach Jahren vergeblicher Suche gefunden und den köstlichen Kaiserling überhaupt noch nie. Ich habe erlebt, wie eine Legion von Champignons von einem Jahr zum anderen für immer ausblieb und wie ein ewig pilzleerer Holzschlag urplötzlich von Ockertrichterlingen bevölkert wurde. Ich habe in ein kleines, dunkles Waldtal Wulstlinge, Täublinge und Ritterlinge hineingewettet und kam mit Pfifferlingen, Flaschenstäublingen und zwei Steinpilzen wieder heraus. Zahllose Launen hat die Natur. So viele nämlich wie Gesetze, die wir nicht kennen!

Von Phantomen, Täuschlingen und Nichtslingen

Ich sehe Sie nun mit Trappermiene durch den Wald eilen, den Bogen der Erwartung aufs äußerste gespannt, vogelscharf nach allen Seiten äugend. Ich sehe Sie mit Wollust den Goldstieligen Pfifferling aus dem Moosgrund heben; den Schleier eines kindlichen Butterpilzes lüften, um zu sehen, ob es auch gewiß ein Röhrling ist; vorsichtig junge Schopftintlinge in ein Extrakörbchen legen, weil sie so besonders empfindlich sind; oder mit leidenschaftlicher Ungeduld eine Kolonie der glatten Elfenbeinschncklinge abernten. Ich höre Ihren Jubelruf beim Anblick einer Gesellschaft von Mairitterlingen oder, wenn Sie unvermutet die winzigen Hundertschaften des Glöckchennabelings auf einer Baumstumpfburg entdecken – ich sehe Ihre erstaunte Miene, nachdem Sie am Anistrichterling oder am Rettichhelmling gerochen haben. Aber ich sehe und höre auch im voraus Ihren Ärger, den Ärger nämlich über die Phantome, die Täuschlinge und Nichtslinge.

Diese drei Klassen von Pilzen werden Sie in der Fachliteratur vergeblich suchen, obwohl sie in der Praxis eine wichtige Rolle spielen. Die Phantome sind Gebilde, welche man aus größerer Entfernung für Pilze hält, wie der im Nebel verirrte Wanderer eine Latschengruppe für die Unterkunftshütte. Immer wieder werden Sie – dessen dürfen Sie sicher sein – auf einen aufregend roten Täubling zueilen, der sich als eine Zigarettenpackung entpuppt, immer wieder eine Porzellanscherbe oder einen Knäuel Papier als Schafchampignon identifizieren, immer wieder die Sägefläche eines Astes für einen Pfeffermilchling ansehen. Tüten, Dosen, Steine, Späne, Distelflocken, Rindenstücke, Tierknochen, das alles kann zum Phantom werden, das heißt Hoffnungen jäh erwecken und ebenso jäh zerstören.

Etwas besser steht es mit den Täuschlingen. Sie sind wenigstens Pilze – nur leider andere, als man aus der Entfernung glaubt, und meistens solche, die ungenießbar oder schwer bestimmbar sind. Sie sehen vielleicht aus dem büscheligen Gras, dort, wo der Wald noch locker ist, den Hut eines jungen Steinpilzes herauslugen – braun, kugelig, fest, wie Sie sich ihn nur wünschen können. Sie stürzen auf ihn zu. Sie nehmen den Schatz in die Hand, und siehe, es ist ein Blätterpilz. Stiel und Lamellen sind braun mit lila untermischt, und am Hutrand hängen lauter feine Fäden wie Reste eines rostbraunen Kokons: einer jener Dickfüße aus der Sippe der Schleierlinge. Weit über dreihundert Arten zählt sie, von denen wenige in der Küche etwas taugen und die meistens dem Bestimmen hartnäckig Widerstand leisten. Ein richtiger Täuschling, um nicht zu sagen Ent-Täuschling, imitiert, solange man ihn nicht aus allernächster Nähe betrachtet, treffend irgendeinen sehr begehrten Pilz. So kostümieren sich gewisse weiße Weichritterlinge trefflich als Feldchampignons, mimen bittere Flämmlinge würzige Stockschwämmchen, geben sich kleine, minderwertige Rötlinge als köstliche Feldschwindlinge. Wie oft wünscht sie der auf Eßbares erpichte Sammler zur Hölle! Der Mykomane allerdings würde sie selbst dort suchen, denn er fürchtet Tod und Teufel nicht, wenn es gilt, eine neue Art kennenzulernen.

Am erträglichsten sind die Nichtslinge, jene mehr oder weniger winzigen, fadenscheinigen, zerbrechlichen, zerrinnenden Wichte, die weder so schmackhaft oder ausgiebig, noch so zierlich oder originell sind, daß man ihnen ihre Unscheinbarkeit gerne verzeiht. Leider treten sie in Unzahl, ja manchmal in Überzahl auf. Oh, alle diese Rüblinge, Nabelinge und Helmlinge, diese Kahlköpfe und Rißpilze, Faserlinge und Schüpplinge, diese Häublinge, Zärtlinge, Schnitzlinge, Fälblinge und Düngerlinge! Wie sie es im Grase heimlich haben! Wie sie ihre Hütchen am morschen Holz zusammenstecken! Wie sie die Kuhfladen dekorieren! Wie sie aus dem Mooswinkel spotten! Wie sie hervorlugen, herausspitzen, verschämt tun und geholt sein wollen! Trotzdem: So richtig böse kann man den wichteligen Wichten nicht sein, oder jedenfalls erst dann, wenn man den Ehrgeiz hat, ihre Namen zu erfahren.

Die Begegnungen mit all diesen ärgerlichen Pilzen haben auch ihren Vorteil: Sie lassen selbst einen leidenschaftlichen Sammler zuweilen resignieren. Sie erzwingen Pausen und bringen ihm in Erinnerung, daß die Natur auch noch anderes für ihn bereithält als nur Pilze. Etwa – o Wunder! – Bäume, Moose, Blumen oder ein liebliches Bachgeschwätz, einen abfliegenden Buntspecht, einen vom Frost zersprengten Felsblock. Wie traurig wäre es, brächten Sie von Ihren Pilzausflügen nur Pilze mit und nicht auch einen Korb voll kleiner Naturerlebnisse, von denen Sie noch lange zehren können. Die Pilzsuche führt in das leider schon so klein gewordene Reich des unverfälschten Lebens, wo die Seele noch Asyl findet. Morcheln und Trüffeln hin, Champignons und Steinpilze her – vergessen Sie nicht das kreisende Bussardpaar hoch droben und den säuberlich gebleichten Marderschädel im Dickicht, den Kaisermantel, schaukelnd über der heißen Lichtung, und die Sumpforchidee, violett erblühend im feuchten Schatten, das Gurren der Wildtauben und das Glitzern vom Gneis, den Harzgeruch und den Berberitzenduft, sonst lacht Ihr Magen, aber weint Ihr Herz!

Die beste Pilzzeit

Muß ich Ihnen sagen, daß man alte Pilze oder solche, die man nicht kennt, nicht wie einen Fußball ins Gelände stößt oder wie eine Kreuzotter mit dem Stock vernichtet? Daß es keine unnützen Pilze gibt, es sei denn für jemanden, der nur an seinen Magen und nie an den Haushalt der Natur denkt? Daß man weder faulende, vertrocknete oder zerfressene noch babykleine Pilze mitnimmt außer zu wissenschaftlichen Zwecken? Ich komme mir dabei so vor, als würde ich Ihnen empfehlen, Fisch nicht mit dem Messer zu essen oder einer Fliege nicht die

Flügel auszureißen. Die Pilzbücher freilich müssen es sagen, sie haben – als Lehrbücher – nicht nur mit Eile und Achtlosigkeit, sondern auch mit barbarischen Gewohnheiten zu rechnen. Lesen Sie also die sogenannten Pilzregeln – das sind die einfachsten Regeln für den Sammler – in Ihrem Pilzbuch nach.

Nachdem ich mit diesem Hinweis eine versäumte Pflicht nachgeholt oder, aufrichtiger gesagt, abgeschoben habe, wende ich mich der Zeit zu, der Jahreszeit nämlich, in der man am besten sammelt. Würden Sie nicht sagen, es sei die Herbstzeit? Die Zeit, in der das Laub müde wird, die Kartoffelfeuer rauchen, die Zugvögel sich sammeln und die Äpfel mit einem dumpfen Laut auf den Rasen aufschlagen? Herbstzeit – Pilzzeit, so etwa steht es im Lesebuch. Das Pilzbuch nimmt die Sache genauer. Es billigt zwar in seinen Angaben den Monaten August, September, Oktober den Löwenanteil aller Pilze zu, läßt aber Juni und Juli, falls sie nicht zu trocken sind, mehr zukommen, als der Neuling annimmt. Während ihrer Regentschaft erscheint an günstigen Stellen bereits die Avantgarde der meisten Frühherbstpilze.

Erst recht hat der Frühling das Seine. Bietet er dem Auge das Schneeglöckchen und der Nase das Märzveilchen, so dem Magen – wenn auch seltener – den Schneepilz, den trefflichen Märzellerling, der schon während der Schmelze in den Gebirgswäldern auftaucht. Becherlinge in allen Farben und Größen stellt er ebenfalls auf, von denen manche, wie der Aderbecherling und der Orangebecherling, das Hasenohr und das Eselsohr, ebenso die Zunge wie den Blick erfreuen. Und erst die Morcheln! O wüßte mancher, der auf seinem Grundstück die

Narzissen bewundert oder in den Auen die Anemonen und die Weidenkätzchen besucht, daß vielleicht hinter dem nächsten Gebüsch ein paar wohlgestalte Rundmorcheln stehen, nur ein wenig versteckt unter den graugelben Blättern des Vorjahres – wie würde er spähen und pirschen und sich schon den Mund lecken nach »Morilles à la crème« oder einem ähnlich paradiesischen Zwischengericht! Dann kommt – eine Wonne im Wonnemonat – der Maipilz, sozusagen ein weißer Rabe in der herbstliebenden Familie der Ritterlinge, wenn auch leider leicht zu verwechseln mit zwei giftigen Frühlingszeitgenossen, dem Ziegelroten Rißpilz und dem Riesenrötling. Und auch das Stockschwämmchen und der Rauchgraublättrige Schwefelkopf – beide in der Hand ein Nichts und im Topf ein Wunder – beginnen sich an den Baumstümpfen zu gruppieren, obwohl sie erst im Winter Abschied genommen haben.

Ja, auch im Winter, zumal in einem milden Winter, gibt es Pilze, so unglaublich das klingt. Die meisten Menschen erblicken eben um diese Zeit in der Natur lediglich ein Skigelände oder eine Versammlung kahler Bäume. Sie sehen sozusagen von vornherein nichts. Und doch hindert der grämliche November viele Ritterlinge durchaus nicht, sich des Daseins zu erfreuen – und doch wagen sich der Frostschneckling und der Winterschnitzling erst aus dem Boden, wenn der Eiswind ihn gefegt hat, und doch fühlen sich manche Raslinge unter Null recht wohl, sitzen die Samtfußrüblinge und Austernseitlinge munter am schneefeuchten Laubholzgeäst. Ich gebe zu, daß man diese bewundernswerten Winterlinge nur schwer entdeckt – es braucht hierzu das Auge eines Luchses, die

Haut eines Hirsches, die Geduld einer Ameise. Trotzdem lohnt sich für freudige Pilzesser die Mühe: Das Gute frisch aus dem Wald ist dem Besseren aus der Dose jederzeit vorzuziehen, vom Stolz ganz zu schweigen.

Es ist aber außer der Jahreszeit noch eine andere Zeit für den Sammler wichtig – die Zeit nach dem Regen. Daß Pilze im Regen, besonders im warmen Regen, gerne wachsen, sagt schon die Redensart. Infolgedessen strebt eine Menge von Pilzfreunden eifrig dem Wald zu, sobald sich nach regnerischen Tagen der erste blaue Riß in der grauen Himmelsdecke zeigt. In der Tat bringen sie reichlich Beute ein, aber sie ist schwammig, leicht verderblich und schwer verdaulich. Die Pilzbücher warnen vor diesem verfrühten Beutezug, nur weisen die meisten zu wenig auf die Ausnahmen hin, speziell auf die Schwindlinge, die der Regen rasch zur Welt bringt, aber nicht verdirbt, weil sie zu mager sind. Der Küchenschwindling oder Mousseron und der Feldschwindling zum Beispiel, König und Prinzregent aller Würzpilze, sprießen nach einem nassen Segen zu Hunderten und Tausenden und trocknen zu Hause am Fensterbrett oder am Herd so gesund und schnell für den Winter, als ob sie nicht Kinder des Regens, sondern der Sonne wären.

So viel über die Jahreszeit und die Regenzeit. Vergessen Sie darüber nicht die allerbeste Zeit. Es ist die Zeit, die Sie sich nehmen. Die Zeit, welche weder mit dem Pilzkalender noch mit dem Terminkalender, weder mit dem Zifferblatt noch mit der Quecksilbersäule etwas zu tun hat, sondern einzig und allein mit Ihrer Liebe zur Sache. Der wahre Pilzfreund sammelt immer zu dieser Zeit, und das heißt zur rechten Zeit.

Kleines Pilzsammelsurium

Von den bekannten vier Fragen Was?, Wo?, Wann?, Wie? habe ich nun alle in meiner Weise beantwortet, außer gerade die erste. Sie werden auf Anhieb der Meinung sein, diese Frage beantworte sich von selbst, denn was in aller Welt soll der Pilzsammler sammeln, wenn nicht Pilze? Gewiß, er soll Pilze sammeln, aber die Frage, die eigentliche Frage ist: Welche? Bedauerlicherweise haben die Pilze nun einmal keine Namensschildchen neben sich wie die Pflanzen im Botanischen Garten, und so stürzt sich der Neuling, wenn er über die wenigen ihm bekannten Arten hinauskommen will, blindlings in das Pilzgetümmel und pflückt alles, was ihn lockt oder lohnend dünkt. Er greift mehr oder weniger wahllos zu und darum oft fehl. Vor den schlimmsten Fehlgriffen zwar, den lebensgefährlichen, oder doch vor ihren Folgen bewahrt ihn jedes Pilzbuch: Dort sind die Giftpilze in Wort und Bild so hochnotpeinlich genau an den Pranger gestellt und ihre harmlosen Doppelgänger so sorgsam abgeschirmt, daß er schon sehr leichtsinnig sein muß, um sich trotzdem vom Leben in den Tod zu befördern. Aber gegen die vielen ärgerlichen Fehlgriffe, gegen die schwer bestimmbaren und oft nicht einmal genießbaren Pilze, die ihm so viel Zeit und Lust nehmen, weiß er sich meistens keinen Rat.

Dennoch, es gibt einen guten Rat, und er ist nicht einmal teuer! Tun Sie zunächst, was Sie sowieso täten: Sammeln Sie Ihre guten alten Pilzbekannten. Forschen Sie aber zu Hause, wenn Sie friedlich über den Pilzbüchern sitzen, nach, ob diese Bekannten nicht vielleicht Verwandte haben, zumal schmackhafte Verwandte, die Sie bisher immer stehenließen, weil Sie ihnen nicht trauten. Sie werden damit, das versichere ich Ihnen, Glück haben und infolgedessen sehr bald eine stattliche Anzahl von Arten nicht mehr mißtrauisch stehen-, sondern freudig mitgehen lassen. Auf diese Weise bekommen Sie allmählich und ganz unmerklich einen Blick für die Verwandtschaften überhaupt, das heißt für die engeren Zusammengehörigkeiten. Dann gelten Ihre Hoffnung und Ihr Ehrgeiz nicht mehr den Arten allein, sondern auch den Gattungen oder Familien, und ich möchte Ihnen deshalb vorsorglich einige nennen, welche für das Bestimmen günstig und zugleich für die Küche lohnend sind, sozusagen ein kleines Sammelsurium.

1. Die LEISTLINGE, also der liebe Pfifferling samt allen ebenso lieben trompetigen oder keuligen Familien-Angehörigen. Es gibt unter ihnen keine schlechte, geschweige denn giftige Art, und der einzige bei uns wachsende Verwechslungspilz, nämlich der Orangegelbe Gabelblättling, ist harmlos und so rar, daß ich ihm noch nie begegnet bin.

2. Die RÖHRLINGE, ausgenommen rot- oder rosaporige, mit denen nicht zu spaßen ist. Sie sind in ihrer Erscheinung unverkennbar und sympathisch, als Reservoir vieler köstlicher, ausgiebiger und auch häufiger Arten nicht hoch genug zu schätzen und in jedem Pilzbuch zahlreich abgebildet.

3. Die GELBFÜSSE. Sie sind zwar zum Teil glitschig, wie wenn sie in rohes Eiweiß gefallen wären – und daher

auch Schmierlinge genannt –, aber dafür ohne Ausnahme eßbar und über Erwarten schmackhaft. Zudem haben sie so charakteristische Merkmale, daß man kein Pilzdetektiv sein muß, um sie zu erkennen und für die Küche zu verhaften: gelber Stielgrund, schwärzlicher Sporenstaub, Kreiselform, Nadelholzbegleiter.

4. Die TÄUBLINGE. Eine volkstümliche, artenreiche Familie, die man nie verkennen kann, wenn man einmal ihren Typ erfaßt hat. Täublingskenner wird man erst nach Jahren, weil viele der rund siebzig Arten unter sich wahre Hexenmeister der Verstellung sind. Täublingsverzehrer kann man recht bald sein, denn es sind – ein einzigartiger Fall – alle Arten, die roh gekostet *mild* schmecken, eßbar, alle *scharf* schmeckenden oder unangenehm riechenden unbekömmlich. Hier geht probieren wirklich über studieren.

Mit diesen, man könnte fast sagen narrensicheren Pilzsippen sind natürlich die verhältnismäßig zugänglichen und zugleich lohnenden Gattungen und Familien nicht erschöpft. In Frage kämen noch die Champignons, die Boviste und Stäublinge und die Korallenpilze, aber bei ihnen wären doch die Einschränkungen größer als die Empfehlungen. Ich möchte Ihnen daher für den Anfang lieber noch eine andere Anregung geben. Sollten Sie nämlich – was ich bei einem pilzfreundlichen Menschen fast annehmen möchte – Ihre Urlaubstage nicht nur im Dünensand und im Pulverschnee verbringen, sondern auch in grüner Umgebung, so bietet sich Ihnen eine weitere Chance, Ihren Pilzbestand ohne Mühe zu vergrößern:

Erkundigen Sie sich in jeder neuen Urlaubsgegend nach den landesüblichen Pilzen. Gehen Sie in der Kleinstadt auf den Markt, sprechen Sie in den Dörfern mit den Bauern und den Wirten. Sie werden, zumal in unseren Nachbarländern, durch diese Methode zu manchen Neuerwerbungen gelangen. Mögen einige davon an die Landschaft und das Klima gebunden sein, andere Ihnen nicht schmecken – ein paar gute neue Arten springen dabei doch heraus.

Der Mensch lebt nicht vom Brot allein – der Pilzliebhaber nicht allein vom Essenswerten, sondern auch vom Wissenswerten. Was also die Bestimmungspilze betrifft, die nutzlosen, aber doch nicht reizlosen, rate ich Ihnen, zunächst einmal diejenigen mitzunehmen, welche Ihre Verwunderung erregen. Bei dem einen wird es die abnorme Größe oder die seltsame Gestalt sein, die Sie fasziniert, bei dem anderen vielleicht die ungewöhnliche Farbenpracht, der frappierende Geruch oder die veränderliche Milch. Je origineller er ist, um so günstiger für Sie, denn Pilze dieser Art – Charakterköpfe sozusagen – sind bei Autoren und Illustratoren sehr beliebt und infolgedessen leicht zu bestimmen. In welchem Pilzbuch finden sich zum Beispiel nicht die Stinkmorchel, die Krause Glucke und der Erdstern!

Mit diesem nützlichen Wink ist mein guter Rat zu Ende. Hoffentlich kommt er zur rechten Zeit und bewahrt, wie das Sprichwort sagt, manchen vor viel Herzeleid. Aber ich denke, auch wenn er etwas zu spät kommt, können Sie die Wahrheit, die in ihm steckt, noch gebrauchen. Sie lautet: Schlechte Erfahrungen verringern sich, wenn man gute sucht.

Vergnügtes Pilzeputzen

Ich bin sicher, daß Sie entschlossen sind, sich vollkommen an die Pilzregeln zu halten, aber ich bin ebenso sicher, daß es Ihnen nur unvollkommen gelingt. Sie werden die Absicht haben, jeden unnötig herausgenommenen Pilz wieder richtig zurückzulegen, und werden in Ihrer Enttäuschung Dutzende solcher Pilze zur Seite feuern. Sie werden die Wohnung mit dem Vorsatz verlassen, jeden Pilz an Ort und Stelle vorzuputzen, und werden, wenn Ihnen draußen die Eile zugesetzt, die Bequemlichkeit zugeflüstert hat, mit Schmierlingen heimkehren, an denen so viele Tannennadeln sitzen wie Stecknadeln an einem Schneidermagneten, oder mit Pfifferlingen, in denen der Schmutz sitzt wie die Kletten im Hundefell. Sie werden um drei Uhr angesichts Ihrer schon vollen Körbe schwören, nun keinen Pilz mehr mitzunehmen, und werden sich, von wer weiß welchen Herrlichkeiten verführt, um fünf Uhr mit dem Tagesbedarf einer Konservenfabrik nach Hause schleppen. Sie werden willens sein, schon beim Sammeln Sicheres und Unsicheres, Genießbares und Ungenießbares zu trennen, und werden in der Hitze des Gefechts oder in der Raumnot so viel Verdächtiges unter die Speisepilze mischen, daß Sie nachher qualvoll die halbe Ernte in den Abfalleimer leeren. Wenn man die Ausbeute eines leidenschaftlichen Pilzsammlers sieht, möchte man darüber schreiben: »Die Natur in ihrer Fülle und der Mensch in seiner Schwäche.« Die besten Vorsätze sind zweifellos jene, welche man nicht faßt, was einen nicht hindern darf, immer wieder gute zu fassen.

Pilzregelgetreu oder nicht, am Abend liegt die Beute – die stolze Strecke, um mich waidgerecht auszudrücken – hoffentlich auf dem Tisch und nicht etwa bis zum späten Morgen eng aneinandergedrängt und dem Verderben geweiht in den Körben. Breiten Sie die Pilze, gleich ob Sie mit ihnen noch das Abendessen oder erst das nächste Mittagessen bestreiten wollen, sofort nach der Heimkehr sorgfältig aus. Das heißt erstens, auf viel Papier – des Schmutzens und des Putzens wegen –, und zweitens, Stück für Stück und gleich zu gleich – des Essens wegen. Das Pilzessen nämlich fängt nicht mit dem Kochen und mit dem Putzen, sondern bereits mit dem Sortieren an. Sie müssen, bevor Sie zum Messer greifen, die Ausbeute in ein richtiges Sortiment verwandeln, also die Sorten, fachgerecht gesagt, die Arten, vor sich sehen. Wer alle eßbaren Arten ohne Not in einen Topf wirft, könnte ebensogut Schwarzwurzeln, rote Rüben, Spinat und Erbsen durcheinander kochen.

Daß man die Bestimmungspilze extra, und zwar sehr extra legen muß, leuchtet jedem ein. Auch das Aussortieren typischer Trockenpilze, wie zum Beispiel der Feldschwindlinge oder Mousserons, findet überall Verständnis. Die übrigen Pilze werden von Neulingen meist als Masse gesehen und verspeist. Aber was ist zum Beispiel mit Bratlingen oder Reizkern? Die Milchlinge darf man, wie Sie wissen, erst im letzten Augenblick schneiden und keinesfalls lange dünsten oder gar kochen. Was ist mit Stockschwämmchen? Aus einem guten Suppenpilz keine Suppe zu machen ist ein Jammer. Was ist mit Champignons? Delikate Pilze in einem Mischgericht sind sozusagen Harfentöne in einem Stück für Blasorchester. Was ist mit Schafeuter und dem Kahlen Krempling? Harte und schwer verdauliche Pilze müssen vorgekocht und infolgedessen früher aufgesetzt werden. Man macht – das werden Sie auch aus den Kapiteln über die Zubereitung entnehmen – lauter Fehler, wenn man die Pilze putzt, ohne sie sortiert zu haben, und zwar Fehler, die sich nicht mehr korrigieren lassen.

Was das Putzen selbst angeht, so braucht man als erstes – kein Wasser. Wer die so saugfähigen Pilze vor dem Putzen wäscht, erweist sich als Laie, ja als Pilzschänder, und spart dabei nicht einmal Arbeit. Hingegen braucht man ein kleines Küchenmesser mit dünner, scharfer, spitz zulaufender Klinge. Da kein Haushalt über mehrere Instrumente dieser Art verfügt, entsteht zu Beginn des Putzens meist ein Kampfgetöse, die typische Pilzputzouvertüre. So verschieden wie die Messer und die Putzer sind auch die Methoden. Da die eigene immer die beste ist, brauche ich darüber nicht mehr zu sagen, als daß die Pilze um so feiner geschnitten werden müssen, je härter sie sind und je empfindlicher der Magen ist.

Hingegen möchte ich darauf hinweisen, daß die älteren Pilzbücher vorschreiben, dem Hut nicht nur die Haut, sondern grundsätzlich auch die Röhren- und Lamellenschicht zu nehmen. Diese Vorschrift scheint mir in erster Linie auf die Einflüsterungen der putzsüchtigen Hausfrauen von damals zurückzugehen und ist dementsprechend abzulehnen. Wo es sich allerdings nicht um Putzsucht, sondern um Appetitlichkeit handelt, sollte man vielleicht doch auf die Frauen hören. Männer werden beispielsweise von Maden nicht erschreckt. Sie taxieren die Fraßlöcher, als ob es Punkte auf der Karte eines bevölkerungsstatistischen

Werkes wären, und erklären das Fleisch eines Pilzes unter einer gewissen Bevölkerungsdichte für brauchbar. Am besten ist es, Sie plagen sich mit älteren oder angefressenen Pilzen überhaupt nicht herum, sonst geht es Ihnen wie Adamsson, der einen Stuhl niedriger machen wollte und zum Schluß alle vier Beine abgesägt hatte: Sie schälen, Sie schaben, Sie schneiden, Sie stechen aus, – schälen wieder, schaben wieder, schneiden wieder, stechen wieder aus und haben schließlich einen Kubikzentimeter Pilz übrig, den Sie resigniert zum Abfall werfen.

Pilzeputzen gilt als unerfreulich. Welcher Irrtum! Versammeln Sie die Ihren zum gemeinsamen Werk um den Tisch, und Sie werden sehen, daß es zu den gemütlichsten und vergnüglichsten Beschäftigungen gehört. Die Messerklinge gleitet durch das angenehm weiße, gelbe, rötliche Fleisch oder zieht eine sanft ledrige Haut so glatt und ganz von der Hutwölbung, daß es eine Lust ist; die Querschnitte üben den Zauber zugleich der Unberührtheit und der Stereometrie; die Arten teilen ihre Art mit durch die immer gleichen und immer ein wenig verschiedenen Exemplare; die Erinnerung baut die ganze Landschaft mitsamt den Entdeckungen, Siegen und Niederlagen wieder auf; es wird berichtet, phantasiert und geplant, und es ist, als spitze irgendwo hinter den Vorhängen ein Eichhörnchen hervor und wolle auch seinen Teil haben. Wahrhaftig, das ist ein kleines Familienfest!

Nachdem die Hausmusik auszusterben droht, das Abendgespräch verstummt, das Vorlesen schon beinahe historisch ist, sollte man das Pilzeputzen fördern: Rettet das Abendland, putzt miteinander Pilze!

Erkennen und Benennen

Neigung macht arglos, Arglosigkeit macht leichtsinnig, und Leichtsinn ist gefährlich. Diese Erfahrung sei manchen Liebhabern der Natur auf die erste Seite ihres Stammbuches geschrieben. Menschen, denen es nicht einfallen würde, einen Anzugstoff an der Haustür beim fliegenden Händler zu kaufen oder einen Bewerber bloß wegen seiner hübschen Nase anzustellen oder eine Wohnung nur nach dem Grundriß zu mieten, machen von dem Angebot der Natur in der vertrauensseligsten Weise Gebrauch. Sie schwimmen, wenn sie das Wasser lieben, siegesgewiß in die gefährlichsten Strömungen hinein. Sie hängen, wenn sie die Berge lieben, nach einem Wettersturz verzweifelt in der eisigen Wand. Sie haben, wenn sie die Pilze lieben, statt eines köstlichen Nachgeschmacks auf einmal das Schläuchlein der Magenpumpe im Mund.

Manche Pilzfreunde lassen sich immer wieder dazu verleiten, alles in den Kochtopf zu werfen, was ihnen sympathisch ist. Den einen Pilz, weil er so hübsche Farben hat, den anderen wegen des appetitlichen und kernigen Fleisches, den dritten, weil er so einladend riecht, den vierten, weil er einem Lieblingspilz so ähnlich sieht. Es ist fast tragikomisch, daß gerade diejenigen Menschen, welche die Natur lieben, so oft das Gefühl der Unverletzlichkeit haben und bei ihren Sympathien und Antipathien einem Instinkt vertrauen, den sie in Wahrheit gar nicht besitzen. Die Totentrompete zum Beispiel, die Herbstlorchel, die Trüffel, der Violette Ritterling machen allesamt einen etwas verdächtigen Eindruck, obwohl sie vorzüg-

liche Speisepilze sind – während der tödliche Knollenblätterpilz nach Honig riecht und nach Nuß schmeckt,
der heimtückische Riesenrötling durch und durch als gut-
mütiger Biedermann wirkt und der mörderische Ziegel-
rote Rißpilz, zumindest solange er jung ist, Bekömmlichkeit und Wohlgeschmack suggeriert. Es mag jemand ein
noch so scharfes Auge, eine noch so gute Nase, eine noch
so feine Zunge haben – den Tod im Pilz sieht und riecht
und schmeckt er keinesfalls. Der Mensch wird nicht, wie
die wildlebenden Tiere, vom Instinkt beschützt, sondern
einzig und allein vom Wissen. Wer selbstgesammelte Pilze ißt, muß sie, wenn er nicht unversehens im Kranken-
haus oder auf dem Friedhof liegen will, kennen, und das
heißt – meistens – sie bestimmt haben.

Diese Warnung vor dem Leichtsinn zielt hauptsächlich
auf die Anfänger und die unentwegten Wissensveräch-
ter. Dem Gros gerade auch der naiven Pilzsammler ist
durchaus etwas an Kenntnissen gelegen, und zwar nicht
nur aus Angst vor Vergiftung. »Es widerstrebt dem rechten Pilzfreund, Pilze zu verspeisen, deren Namen er nicht
kennt«, schreibt der Mykologe Hermann Jahn, wobei er
die Genießbarkeit an sich voraussetzt. Sie werden sagen,
ich selbst hätte Ihnen eben empfohlen, mildschmeckende Täublinge auch dann mitzunehmen und zu verzehren,
wenn Sie nicht wüßten, um welche Arten es sich handelt.
Gewiß, das habe ich, aber doch auch in der Hoffnung,
der Ärger über die Namenlosen werde Sie immer wieder
zu neuen Bestimmungsversuchen treiben.

Namen zu geben und Namen zu wissen ist ein mensch-
licher Urtrieb. Was ich benannt habe oder benennen
kann, gehört mir gleichsam. Es ist greifbar und mitteil-

bar geworden, ein numeriertes Steinchen mehr in meinem Weltbaukasten, »swamba – swamb – Schwamm« oder »boletus – bülez – bülz – Pilz«, welch ein stolzes und befriedigendes Stück geistiger Aneignung bedeutet jede dieser kleinen, weit durch die Zeiten und Völker zurückreichenden Reihen, obwohl an ihrem Ende erst unsere beiden Sammelnamen stehen! Der Mensch von heute ist, bei dem gleichen Trieb, allerdings tausendmal anspruchsvoller. Er will nicht nur Sammelnamen haben, sondern Einzelnamen, und er will diese Einzelnamen nicht nur von Pilzen wissen, die er ißt, sondern auch von denen, die er nur anschaut. Mich zum Beispiel peinigen seit langem einige für die Küche völlig ungeeignete Schleierlinge, Fälblinge und Helmlinge. Immer, wenn ich ihnen wiederbegegne, ärgert es mich, daß ich ihre Namen trotz wiederholter Anstrengungen nicht herausgebracht habe – mit anderen Worten: Daß ich sie nicht anreden kann, und sei es auch nur lateinisch.

Einen Pilz nur beim wissenschaftlichen Namen nennen zu können, weil er nämlich weder einen Volksnamen noch überhaupt einen deutschen Namen besitzt, ist unerfreulich, ja, oft peinlich, aber nicht zu ändern. Welches Volk wäre pilzbesessen genug, mehrere tausend Arten zu taufen? Der Pilzfreund muß also unter Umständen auf die Frage eines Gastes, was es zu essen gibt, wenn auch ungern, antworten: »Omelett mit *Clitocybe Alexandri*«, oder im mittagsstillen, herbsternsten Wald seiner Frau zurufen: »Komm her, hier ist der *Mycena viridimarginata*!«. Viele Pilzkundige zwar bedienen sich recht gerne dieser Namen, die kunstvoll aus griechischen und lateinischen Worten zusammengesetzt sind und nach

Spezialistentum und Botanisiertrommel schmecken. Wie wohl tut es, gelegentlich vom *Cantharellus cibarius,* vom *Lactarius deliciosus,* vom *Sarcodon imbricatum* zu sprechen statt vom Pfifferling, vom Reizker, vom Habichtspilz, auch wenn es nicht unbedingt nötig wäre! Aber man darf über dieser so menschlichen Schwäche nicht vergessen, daß sich Kenner und Forscher, zumal verschiedener Nationalität, nur mit Hilfe der botanischen Namen verständigen können, weil die volkstümlichen Namen nicht ausreichen und natürlich von Sprache zu Sprache, ja, bereits von Landschaft zu Landschaft wechseln. Das Graeco-Latein ist die einzige wirkliche Weltsprache.

Versprechen Sie sich aber jetzt nicht zu viel von den botanischen Namen! Mögen sie allen Pilzen, selbst den winzigsten und windigsten, aus ihrer Anonymität geholfen haben, mögen sie von allen Pilzkundigen aller Gegenden und aller Länder verstanden werden, es gibt leider zu viele! Mindestens einhundertfünfzig Jahre lang nämlich haben Mykologen da und dort in Europa Pilze, die sie als eigene Arten erkannt hatten, auch auf eigene Faust getauft. Da zu jener Zeit die wissenschaftliche Kommunikation, wenn überhaupt, sehr umständlich vor sich ging, erhielten viele gleiche Pilzarten oft vier, fünf verschiedene Artnamen, was dann natürlich zu Verwirrungen und endlosen Prioritätsstreitigkeiten führte. Als dann das herkömmliche System ins Wanken geriet, als munter getrennt und neu vereint wurde, und zwar von dem einen so und von dem andern anders, vervielfältigten sich auch die Familien- oder Gattungsnamen eines Pilzes. »Du mußt verstehn, aus eins mach zehn«, wie die Hexe im Faust sagt.

Leider ist es den Mykologen trotz guten Willens und mehrerer Kongresse nicht geglückt, diese Hexenmultiplikation ganz zurückzudividieren, so daß nun die meisten Pilze nicht nur mehrere deutsche, sondern auch mehrere lateinische Namen haben. Gottlob hat in einem guten Buch jeder Pilz die wichtigsten Synonyme auf seiner Visitenkarte stehen, sonst würden sich viele Pilzfreunde aus dem heutigen Unwesen der Synonymität in das einstige Leidwesen der Anonymität zurücksehnen.

Vom Umgang mit Pilzbüchern

Haben Sie je gehört, daß Rehe oder Eichhörnchen, Wildschweine oder Wisente an Pilzvergiftung zugrunde gegangen sind? Der Mensch hingegen muß sich – das wiederhole ich ausdrücklich –, instinktlos, wie er ist, einzig und allein auf das Wissen verlassen, das heißt auf die Summe von rund zweihundert Jahren Erfahrung und methodischer Arbeit – auf ein Pilzbuch.

Vielleicht besitzen Sie zufällig eines der guten alten Standardwerke, die nun leider vergriffen sind, wie zum Beispiel Michaels »Führer für Pilzfreunde« oder Grambergs »Pilze der Heimat«. Ich rate Ihnen, trotzdem das eine oder andere moderne Pilzbuch dazuzukaufen. Die Abbildungen und Beschreibungen der älteren Werke sind zwar zum größten Teil vortrefflich, aber Systematik und Nomenklatur haben sich innerhalb der letzten drei Jahrzehnte doch erheblich verändert. Sie würden also nicht nur einige Irrtümer mitschleppen, sondern müßten auch früher oder später das freudig Gelernte umlernen.

Eines mit klaren, nicht zu anspruchsvollen Bestimmungstabellen, und zur Ergänzung ein anderes, das sich mehr durch die Zahl und die Qualität seiner Farbtafeln auszeichnet. Wenn Sie mit den Pilzen enge Freundschaft geschlossen haben, wird sich dieser Bestand rasch vergrößern – denn welcher Pilzliebhaber wäre nicht zugleich ein Pilzbuchliebhaber! Pilzbücher sind nicht nur völlig unentbehrlich, sondern auch höchst erfreulich, nicht nur Nachschlagbücher, sondern auch Bilderbücher – Freunde im Urlaub und erst recht zu Hause bei der stillen Lampe.

Knüpfen Sie aber keine übertriebenen Hoffnungen an diesen stolzen Besitz! Sie werden nämlich bald feststellen, daß sich eine Menge von Pilzarten auch durch das beste Bild und die genaueste Beschreibung nicht so einwandfrei fixieren läßt, wie es der Unerfahrene sich denkt. Die unerschöpflichen Launen der Natur, die mangelnde Erfahrung und möglicherweise geringe Vorstellungskraft des Anfängers, die Subjektivität der Autoren und Illustratoren, die Mängel selbst sorgsamer Reproduktion – alles das schafft eine Zone unvermeidlicher Schwierigkeiten. Sie erinnert an die tiefen, mit Räubern, Ungeheuern und Hexen gespickten Wälder, welche der Held eines Märchens zu durchqueren hat, will er zur lieblichen Königstochter gelangen.

Um zunächst von den Abbildungen zu reden: Erinnern Sie sich bitte daran, welch beklagenswerte Ungenauigkeit in der Natur bei der Herstellung von Pilzen herrscht. Selbst bei so unkomplizierten Arten wie Pfifferlingen oder Reizkern oder Butterpilzen sind die einzelnen Exemplare einander je nach Gegend und Witterung oft so unähnlich, daß man sie auf den ersten Blick nicht einmal für Verwandte hält. Die Illustratoren sind, da sie doch auch ihre eigenen Anschauungen mitbringen, bedauernswert. Sie müssen es mit den Verwandlungskünsten der Pilze aufnehmen. Daß es ihnen bei alledem gelingt, aus drei Gesichtern ein typisches zu machen, und daß dieses Porträt noch dazu so oft ein kleines Kunstwerk ist, verdient Bewunderung.

Ich wünschte, Sie könnten sich in meiner Pilzbibliothek einmal die Nebelkappe ansehen. Wenn ich Ihnen die fünfzehn Abbildungen, die ich von diesem Pilz besitze, nebeneinander auf den Tisch lege, werden Sie glauben, mindestens fünf verschiedene Arten vor sich zu haben. Sie werden Ihren Augen nicht trauen und auch den Pilzbüchern etwas weniger und am allerwenigsten jenen, die mit den angeblich so objektiven, untrüglichen Farbphotographien arbeiten. Die Kamera kann niemals den Typ treffen, sondern immer nur das Exemplar, und auch das merkwürdigerweise meistens schlecht. Tun Sie trotzdem den Illustrationen und Reproduktionen nicht unrecht. Was beide angesichts der leidigen Vielfältigkeit und schwierigen Vervielfältigung oft leisten, ist höchster Anerkennung wert und wird in manchen Büchern verblüffend sichtbar.

Leichter als der Illustrator hat es der Autor. Er kann die häufigsten Farb- und Formschwankungen zwar nicht zur Anschauung, aber doch zur Kenntnis bringen und tut es auch. Daher gleichen sich die Beschreibungen, im Gegensatz zu den Abbildungen, sehr, was freilich nicht an den Autoren, sondern an den Pilzen liegt. Im übrigen sind die Beschreibungen meistens ein Vorbild möglicher Genauigkeit. Die einzelne Pilzart ist, je nach Bedarf, durch etwa zwanzig bis vierzig Merkmale charakterisiert, die überall dort, wo Mißverständnisse entstehen könnten, mit Fachausdrücken bezeichnet werden. Diese wiederum – über hundert an der Zahl – sind sorgfältig erklärt und nötigenfalls durch Zeichnungen erläutert.

Sie werden sich denken, daß da nichts mehr schiefgehen kann. Weit gefehlt! Haben Sie zum Beispiel zwei Stockschwämmchengreise mitgebracht oder ein paar Feldschwindlingsbabys, so stehen Ihnen Stunden vergeblicher Anstrengung bevor, denn die einen zeigen fast nichts Charakteristisches mehr und die anderen fast noch nichts. Und mit einem ausgebleichten Speitäubling gar können Sie selbst erfahrene Kämpen in Verlegenheit bringen. Mit anderen Worten: Die Beschreibung zielt auf ein Ideal-Exemplar, während das Bestimmungsexemplar manchmal alles andere als ideal ist.

Oder: Was wollen Sie machen, wenn ein »unangenehm scharfer« Pilz Ihrer Zunge angenehm würzig, ein »nußartig milder« dagegen süßlich und leimig vorkommt? Wenn der »Waschküchengeruch« Sie beim besten Willen nur an eine Molkerei, der »erdartig dumpfe Geruch« durchaus nur an die Flickschneiderin aus der Kindheit erinnert? Wie wollen Sie beurteilen, ob ein Lamellenansatz wirklich »wachsartig«, eine Huthaut »eingewachsen schuppig« oder doch nur »grobfilzig« ist, solange Sie noch keine Musterbeispiele für diese Begriffe gesehen haben?

Soundso oft können Sie nur Erfahrung gewinnen, wenn Sie schon Erfahrung gewonnen haben – aber auch die fehlenden Erfahrungen wachsen Ihnen zumeist nur aus dem Pilzbuch zu, wenn auch vielleicht aus einer anderen Seite bei einem anderen Pilz.

Das Geduldspiel

Das Bestimmen ist ein unendliches Abenteuer, ein beinahe kriminalistisches Vergnügen, ein Feldzug, dessen Siege dreifach zählen, weil das eroberte Land nicht mehr verlorengehen kann. Es ist aber auch eine Mühsal, der, wie der Hydra, ständig neue Köpfe wachsen. Und vor allem ist es ein Geduldspiel.

Stellen Sie sich vor, Sie müßten in einer Säuglingsabteilung aus zwanzig Babys ein bestimmtes herausfinden und hätten keinen anderen Anhalt als zwei Photographien. Oder Sie wären durch einen Zauberschlag in eine der zahllosen Kirchen Roms versetzt und müßten an Hand eines Baedekers feststellen, in welcher Sie sind. Oder Sie hätten die Aufgabe, vom Gipfel des Großglockners aus mit Hilfe einer Landkarte einen Berg der Lechtaler Alpen richtig zu benennen. Stellen Sie sich das alles lebendig vor, und Sie bekommen ein Gefühl dafür, was Ihnen beim Bestimmen bevorsteht.

Dem Anfänger erscheint das unglaubhaft oder wenigstens stark übertrieben. Er schlägt in einem guten Pilzbuch ein paar alte Bekannte nach, den Steinpilz etwa, den Fliegenpilz, das Rotkäppchen, bewundert die Ähnlichkeit der Abbildungen, die Genauigkeit der Beschreibungen und erwartet nun, daß ihm die gebratenen Tauben in den Mund beziehungsweise die bestimmten Pilze in den Topf fliegen. Sein Optimismus beruht allein auf der Tatsache, daß er Pilze erkannt hat, die er schon kennt. Auch in der vertracktesten Bestimmungstabelle sucht er diesen Pilz mit Erfolg. Was sonst zu einer Fahrt ins Blaue wird, ist für ihn ein Kinderspiel. Er kennt die

Endstation, bei der er ankommen muß – den Namen seines Pilzes –, und kann, an einem falschen Ziel angelangt, so oft zum Ausgangsort zurückfahren, bis er den richtigen Umsteigebahnhof erwischt hat.

Das ändert sich jäh und gründlich, sobald Sie mit einem Pilz zu Werk gehen, den Sie *nicht* kennen. Freilich, Sie können Glück haben, ganz ohne Glück ist noch niemand gescheit geworden. Sie können zum Beispiel mit dem Rostroten Lärchenröhrling oder dem Erdritterling oder dem Scheidenstreifling oder sonst einem nicht gerade bequemen Kandidaten nach Hause kommen und ihm nach fünf Minuten seinen Namen auf den Kopf zusagen. Sie können auch einen Unverkennbaren gefunden haben, wie etwa die Stinkmorchel oder die Herkuleskeule oder die Ochsenzunge – wohl Ihnen! Aber das sind Ausnahmen. Die Regel sieht wesentlich anders aus.

Ich garantiere Ihnen, daß Sie nicht nur einmal, sondern Dutzende von Malen vor einem Pilz und seiner Beschreibung sitzen, um nach schier unermüdlichen Vergleichen an den Knöpfen abzuzählen, ob die beiden zusammengehören oder nicht. Sie werden, ein prächtiges Beutestück in der Hand und seine wohlgeratene Abbildung vor Augen, soundso oft zu der Überzeugung gelangen, daß es sich um zwei verschiedene Arten handelt. Auch das Gegenteil werden Sie erleben, nämlich Ihrem Bestimmungspilz die Beschreibung oder die Abbildung eines ganz anderen Pilzes zusprechen – und das nicht etwa aus Leichtsinn, sondern nach langwieriger Prüfung. Wie oft ist der Wunsch der Vater der Bestimmung, zumal, wenn es sich um artenreiche Familien oder variationsfreudige Arten handelt. Die zweite Kategorie des Irrtums ist natürlich unangenehmer. Wenn Sie ein falsches Nein sagen, kann Ihnen höchstens ein Genuß oder eine Sprosse der Wissensleiter entgehen, wenn Sie aber ein falsches Ja sagen, setzen Sie mehr aufs Spiel.

Ich will nur den häufigen Fall annehmen, daß Sie einen an sich unschädlichen Pilz zubereiten und verspeisen, den Sie als eßbar bestimmt haben, ohne restlos von seiner Identität überzeugt gewesen zu sein. Sie werden dann vom unschuldigsten Bauchweh, vom nichtssagendsten Herzklopfen, vom lächerlichsten Hitze- oder Schwindelgefühl in Todesängste gejagt. Sie werden sich schlaflos hin und her wälzen und bereuen, Ihr Testament noch nicht gemacht zu haben. Sie werden, um niemanden zu wecken, barfüßig und diebesleise zu den Pilzbüchern schleichen und die verschiedenen Vergiftungssymptome studieren. Sie werden wie der schlimmste Hypochonder erst im Morgengrauen entschlummern, kalten Schweiß auf der fahlen Stirn. Sie werden am nächsten Tag schwören, nur noch Pfifferlinge und Zuchtchampignons zu essen.

Diesen Schwur brechen Sie natürlich, sobald Sie vom Fegefeuer der Angst wieder erlöst sind. Trotzdem empfehle ich Ihnen dringend, keinen Pilz zu verwenden, an dem noch irgendein Zweifel bezüglich seiner Eßbarkeit hängt, und sei es ein noch so kleiner und versteckter. Lieber den Ärger am Herzen nagen lassen, lieber am Marterpfahl des Familienspottes stehen als auf die liebe Eitelkeit hören und einen Pilz passieren lassen, der dann vielleicht kein harmloser Grenzgänger ist, sondern ein Agent des Todes.

Mancher dunkle Fall klärt sich später von selbst auf. Ich bin, als ich der von meinem Vater schon früh genährten Pilzleidenschaft verfiel, trotz einiger Vorkenntnisse und eines guten Buches an Pilzen gescheitert, von denen ich heute glauben möchte, daß jeder findige ABC-Schütze sie bestimmen kann – am Sandröhrling und am Kronenbecherling. Beide waren in meinem Pilzbuch eingehend beschrieben und der eine farbig, der andere immerhin schwarzweiß abgebildet. Trotzdem erkannte ich sie nicht und fertigte daher von meinen Fund-Exemplaren Beschreibungen und Bilder an, in der Hoffnung, später einmal mehr Glück zu haben – eine Methode übrigens, die ich Ihnen gar nicht genug empfehlen kann. Schon im nächsten Jahr entdeckte ich die beiden, nebenbei bemerkt recht bekannten Pilze in einem anderen Buch und stellte dabei sofort fest, daß sie auch in dem ersten standen. Es fiel mir tatsächlich wie Schuppen von den Augen.

Die meisten Pilzneulinge spielen – voll Lust auf die Materie und doch voll Angst, unverhältnismäßige Mühen auf sich zu nehmen – zunächst die unverbindliche Rolle von Gasthörern. Einige springen in der Tat nach den ersten Strapazen ab, aber schauen Sie sich die anderen an: Sie benehmen sich alsbald, wie wenn sie eine Leistungsprüfung ablegen müßten. Sie sitzen mit gefurchter Stirne vor den Sporenproben und sehen sich die Augen aus dem Kopf, um herauszubringen, ob das Pulver dottergelb oder buttergelb, rostbraun oder purpurbraun ist. Sie lugen so scharf zwischen einem Pilz und zwei Abbildungen hin und her wie ein Beamter des Erkennungsdienstes zwischen dem Verbrecheralbum und einem Verdächtigen. Sie schieben ihre Steuererklärung hinaus, weil sie noch immer zwischen dem Rußfarbenen Milchling und dem Schwarzkopfmilchling schwanken. Sie kommen über der Frage »Stiel knorpelig-elastisch« – »Stiel andersgeartet« zu spät ins Theater. Sie werfen in der Sonntagabenddämmerung drei völlig zerrupfte Pilze in die eine Ecke und drei Pilzbücher in die andere, und das nur darum, weil sie nicht herausgefunden haben, welcher Art ihre Champignons angehören.

Geraten Sie vor diesem Zukunftsbild nicht in Ängste und Schrecken. Sie haben, ganz im Gegenteil, allen Grund zur Hoffnung und Freude. Wer sich im Tal solcher Nöte befindet, hat längst den ersten Berg von Schwierigkeiten hinter sich und so viele Kenntnisse in der Tasche, daß er stolz und zuversichtlich den nächsten besteigt, wenn er es nicht vorzieht, sich auf dieser schon stattlichen Höhe behaglich einzurichten, dreißig, vierzig sichere Pilze vor Augen und den Kochlöffel in der Hand!

Die Großen Vier

Ich kann mich mit der Tatsache, daß Pilze Nahrungsmittel sind, nicht recht befreunden. Es geht mir da wie einem begeisterten Mineralogen, der hinnehmen muß, daß Edelsteine zu den Wertgegenständen zählen, oder wie einem Büchernarren, der nicht widersprechen kann, wenn man seine Lieblinge als Bildungsstoff bezeichnet. Nahrungsmittel, Wertgegenstände, Bildungsstoff – was für eine nützliche Perspektive! Und wie wunderbar unnütz ist eine Morchelpastete, ein Smaragdkristall, ein Band Gedichte! – Um beim Eßbaren zu bleiben: Welcher Jäger macht sich Gedanken über die Bekömmlichkeit von

Wildschweinziemern? Welcher Spargelverehrer kümmert sich auch nur einen Augenblick um die kärgliche Kalorienzahl dieses Gemüses? Welcher Gartenenthusiast freut sich an den Vitaminen seiner Salatköpfe statt an ihrer Zartheit und Festigkeit?

Trotzdem beschäftigen sich die meisten Pilzbücher weit ausführlicher mit der Frage des Nährwertes als beispielsweise mit dem Problem des Zubereitens und Genießens. Die Autoren nämlich sehen es als ihre Mission an, die jahrhundertealten Vorurteile gegen Pilze zu zerstören, und da heutzutage eine Menge von Menschen nicht mehr lukullisch denkt, sondern ernährungstechnisch, so kämpfen die Autoren eben mit Nährwerttabellen. Sie weisen nach, daß die Pilze infolge ihres relativ hohen Gehaltes an Eiweiß und Kohlehydraten den höchstqualifizierten Gemüsen zur Seite stehen, sie rücken den Reichtum an Phosphor, Mangan, Eisen und anderen förderlichen Mineralien ans Licht, sie deuten liebevoll auf die pilzeigenen Vitamine, sie lassen verschiedene vielstellige Zahlen aufmarschieren, um die Unterernährung der unheimlich wachsenden Menschheit einerseits, die kaum genutzten, gewaltigen Nahrungsreserven der pilzreichen Wälder andererseits ins Bewußtsein zu rufen.

Ich falle diesen ehrenwerten Streitern nur ungern in den Rücken, um so weniger, als die Pilze in Notzeiten tatsächlich zu reinen Nahrungsmitteln werden. In normalen Zeiten hingegen sind, um es drastisch zu sagen, nicht die Pilze das Nahrungsmittel, sondern die Butter, in der sie dünsten, die Sauce, in der sie schwimmen, das Fleisch, welches sie umkränzen. Was aber sind dann die Pilze? Sie sind der Anlaß, der Genuß, die Würze, die Variation, der Luxus, der Wald, der Stolz, die Erinnerung, je nachdem. Immerhin, wenn Sie an der Zusammensetzung und der Bekömmlichkeit interessiert sind oder interessiert sein müssen, finden Sie in den Pilzbüchern das Nötige und dabei auch einiges Überraschende. Zum Beispiel, daß sich der Champignon nicht nur dem Gaumen, sondern auch dem Magen besonders empfiehlt. Daß Steinpilze, Boviste und Parasols vom Nahrungsmittelchemiker glänzend benotet werden, während Pfifferlinge, Semmelstoppelpilze, Butterpilze, Ritterlinge und Reizker eine schlechtere Zensur erhalten. Oder daß Trüffeln und Feldschwindlinge neben ihrer köstlichen Würze auch mit Abstand die meisten Kalorien besitzen.

Mehr als von solchen Tabellen und Statistiken verspricht sich der Pilzfreund von den Speisekarten der guten Restaurants. Für den Gastronomen, so meint er, seien die Pilze nicht so sehr Nahrungsmittel wie Genußmittel oder doch Gaumenfreuden. Gewiß, dort wo ein Meister in der weißen Mütze die Symphonie der Speisen dirigiert und der Gast zur Mahlzeit wie zu einem Rendezvous erscheint, betrachtet man Pilze nicht als etwas Nahrhaftes, sondern als etwas Schmackhaftes – aber verwendet werden bei uns im allgemeinen doch nur die Großen Vier: Champignon, Trüffel, Steinpilz und Pfifferling. Das gilt mehr oder weniger für den ganzen Westen. Frankreich zwar setzt vor den Pfifferling noch die Morchel und nimmt mit Recht den Mousseron als Würze in die feine Küche, und Italien wartet in seinen Feinschmeckerlokalen auch mit dem Kaiserpilz auf, der im Norden leider nur in Wunschträumen wächst. Alle anderen Ausnahmen haben lediglich regionale Bedeutung oder sind Glücksfälle.

Ich will die Großen Vier, die Standardpilze unserer Restaurants und – fast unnötig zu sagen – auch unserer Lebensmittelgeschäfte, durchaus nicht herabsetzen: Die Trüffel ist der Diamant der Küche, wie Brillat-Savarin, das Genie unter den Feinschmeckern, sie nannte; der fürstliche Champignon, selbst noch der Zuchtchampignon, in Kellerstellagen auf Kunsterde aus Stroh, Malz, Molke und Chemikalien kultiviert, »verbindet«, nach der vorzüglichen Formulierung F. von Rumohrs, »das zarteste Fleisch mit der reichlichsten Würze«; der Steinpilz, von festerem Fleisch und einfacherem Wohlgeschmack, sozusagen das bürgerliche Pendant des aristokratischen Champignons, behauptet die Stellung auch durch seine Ausgiebigkeit und sein rundherum sympathisches Wesen; und der Pfifferling hält sich, wiewohl etwas hart und schwer verdaulich, auf Grund seines massenweisen Vorkommens, seiner Unbeliebtheit bei Larven und Schnekken, seiner Haltbarkeit und seines unverkennbaren, braunwürzigen, anheimelnd rustikalen Geschmackes in dieser Spitzengruppe.

Aber wie viele andere Pilze wären ebenso würdig, in den gleichen Lokalen mit der gleichen Sorgfalt zubereitet zu werden! Im Überetsch habe ich einmal zu »Dreierlei Fleisch« in Essig eingelegte Buchele vorgesetzt bekommen, die auch frisch gepflückt auf dem Bozener Markt sehr beliebt sind, auf der Terrasse eines kleinen Hotels im Burgundischen habe ich zu einem pikanten Kalbfleisch helle, sanfte Mairitterlinge verzehrt und in einem berühmten Gasthaus des Salzkammerguts ein Omelett, das tatsächlich mit Mischpilzen gefüllt war. Ausnahmen! Überbleibsel aus den guten alten Zeiten mit ihren trefflichen, bescheidenen Gasthäusern, in denen man das, was die Jahreszeit und die Landschaft hervorbrachte, mit allem Vergnügen am kulinarischen Kalender und am Naturaroma des Gerichtes zubereitete und verspeiste.

Erzählen Sie einmal in irgendeinem Tempel der Feinschmeckerei von diesen Erfahrungen! Wagen Sie es einmal, vorzuschlagen, gelegentlich eine Feldschwindlingssuppe auf die Karte zu setzen oder frische Bratlinge oder panierten Parasol mit Salat oder Reisrand mit einem Frikassee aus Paprikaschoten und jungen Habichtspilzen! Die gesamte Priesterschaft vom Ober über den Küchenchef bis zum Pontifex maximus würde Sie als einen barbarischen Heiden, wenn nicht gar als einen verirrten Waldgeist ansehen. Und dabei hat gewiß keiner von diesen hochgeschulten Geschmacksspezialisten und Menükomponisten jemals in den Topf eines genießerischen Pilzsammlers geguckt.

Anders sieht es nur im Osten aus, in den slawischen Ländern, wo noch heute, genau wie zu den Zeiten des Zaren, in den vornehmsten Restaurants und bei den offiziellsten Festessen vielerlei Pilze gereicht werden, darunter auch, eingelegt oder eingemacht, mit Rahm und Kräutern vereint, manche im Westen übel angesehene Milchlinge, wie zum Beispiel der Pfeffermilchling oder gar der Grubige Milchling. Vielleicht sollte man bei uns nach dem Vorbild von Fischküchen, Brathendlstationen, Spargelgasthöfen, Pizzerien und Rotisserien ein originelles, erstklassiges Pilzrestaurant eröffnen. Aber vermutlich gelänge es, trotz einer getreuen Stammkundschaft, auch auf diesem Umweg über Neugierde und Snobismus kaum, das Vorurteil gegen die gastronomisch nicht privilegierten Pilze, gegen die Unzahl von Köstlichkeiten ohne Gütestempel, zu erschüttern.

Wenn noch einige Jahrzehnte lang die Wälder schwinden, die Pilze sich zurückziehen, die Löhne steigen, die Lebensmittel standardisiert werden und der Geschmack am Natürlichen verkümmert, ist sowieso der Zuchtchampignon Alleinherrscher auf der Speisekarte und dem Markt. Es sei denn, daß Mütterchen Rußland bis dahin nicht nur teure Kaviarfäßchen, sondern auch wohlfeile Pilzdosen zu uns herüberrollen läßt.

Die Truppenschau

Ich hoffe, Ihnen durch meine Entrüstung über die ehernen Grundsätze unserer Gastronomen nicht die Lust auf getrüffeltes Rebhuhn, auf Champignonkroketten mit jungen Erbsen und Hollandaise, auf Steinpilze nach russischer Art, auf Polnische Pfifferlinge und ähnliche Meisterwerke der Kochkunst genommen zu haben. So wenige Pilzarten nämlich von den Hütern der klassischen feinen Küche verwendet werden, so viel und so Paradiesisches haben sie aus ihnen gemacht. Kein Pilzfreund sollte sich, Geld und Gelegenheit vorausgesetzt, solche Gerichte entgehen lassen. Sie sind, ich möchte fast sagen: Vergeistigungen des Pilzes, herrliche Pilzgedichte, die man mit der Zunge liest – wobei mir einfällt, daß diejenigen Poeten, die nicht mit dem Kochlöffel, sondern mit der Feder schreiben, die Pilze schmählich übergangen haben. Ihre Verherrlichungen von Blumen, Bäumen, Gräsern, Früchten würden Bände füllen, ihr Pilzlob keinen

Bogen. Oder haben Sie schon einmal eine Ode auf den Fliegenpilz, ein Gedicht über Täublinge oder eine Totentrompetenelegie gelesen? Da sind die Maler schon gerechter. Auf wieviel Natur-Stücken und Stilleben, in wieviel andächtig illustrierten botanischen Atlanten sind die Pilze in ihrer ganzen, immer etwas fremden, geheimen Schönheit dargestellt!

Selbstverständlich lassen sich – und damit komme ich endlich zum Hausgebrauch – »Gedichte« aus Pilzen auch am heimischen Herd verfertigen, wo traulich die Gasflamme rauscht und beruhigend der Kühlschrank klickt, doch wird diese kulinarische Lyrik anders schmekken. Sie wird weniger den Schmelz des Perfekten und Virtuosen als den Reiz des Hausgemachten haben. Ich selbst koche gern, aber auch wenn ich diese Kunst leidenschaftlich betriebe, käme ich nie in die Verlegenheit, irgendeinem Küchenchef Konkurrenz zu machen. Die Sache sieht doch – ganz abgesehen von der Kompliziertheit und Aufwendigkeit der meisten Fachrezepte – folgendermaßen aus: Der Pilzfreund muß kochen, was er hat – der Koch muß haben, was er kocht. Mit anderen Worten, der Pilzfreund muß aus den Hallimaschen, den Maronenröhrlingen, den Blutreizkern, den Grünlingen, den Flaschenbovisten, den Hahnenkämmen oder was sonst er draußen gefunden hat, mehrere Gerichte nach eigenen Einfällen herstellen – der Koch hingegen muß die Großen Vier in der Dose, im Spankörbchen vorrätig haben und kann sie jederzeit nach genauen Rezepten und mit allem nur erdenklichen Raffinement tischfertig machen.

Vielleicht wird Ihnen, wenn Sie vor dem Zubereiten die geputzten Pilze betrachten, der Koch beneidenswert erscheinen. Falls Sie sich nämlich an meine Ratschläge gehalten haben, so sind zu diesem Zeitpunkt die einzelnen Arten Ihrer Ausbeute in säuberlichen Häufchen vor Ihnen auf dem großen Tisch aufmarschiert, und wahrlich, es sind nicht wenige: delikate Arten und mittelmäßige Arten, Arten für die Suppe und Arten zum Trocknen, Arten, die gebraten, Arten, die gedünstet werden wollen, Arten, die gleich gegessen werden müssen, Arten, die sich etwas halten – und jede möchte nach der Truppenschau richtig ins Treffen geführt werden. Da ziehen Sie, ich versichere Ihnen, die Stirne kraus und legen den Finger an die Nase, obwohl die Lösung des Problems gar nicht so schwierig zu finden ist. Sie besteht einfach darin, das ganze botanisch gruppierte Heer kulinarisch umzugruppieren.

Legen Sie zunächst jede Art, die Sie noch niemals gegessen haben, in ein Schüsselchen zur eigenen Zubereitung, sonst werden Sie nie ein Pilzfeinschmecker. Trennen Sie dann die typischen Trockenpilze und Würzpilze ab. Es wäre, wenngleich viele von ihnen auch frisch hervorragend schmecken, schade, sie unter dem Druck des Augenblicks gleich zu verwenden, denn eher gewinnen sie mit der Zeit an Aroma und stellen überdies einen unersetzlichen Wintervorrat dar. Das gilt in erster Linie für den Mousseron, der – eine Art sublimierter Knoblauch – überhaupt nur als Gewürz gebraucht werden kann, und vom Bruchreizker, weil er, sofort genossen, den Magen verärgert, getrocknet aber durch liebstöckelartigen Geschmack den Gaumen entzückt. In zweiter Linie für Feldschwindling, Totentrompete und Stockschwämmchen, obwohl diese drei ebenso gute Suppen- wie Würzpilze sind.

Nehmen Sie schließlich alle Pilzarten zur Seite, die noch am gleichen Tag gegessen werden müssen, wie Schopftintlinge, oder zumindest gegessen werden sollten, wie diejenigen Milchlinge, welche keiner längeren Vorbehandlung bedürfen, wie Boviste, da sie rasch nachreifen und dann nicht mehr appetitlich weiß und fest, sondern schlaff und bräunlich sind, oder wie die weichen, am nächsten Morgen schon unansehnlichen und müden Röhrlinge.

Zu den Milchlingen, die man gleich verwenden soll, gehört übrigens auch der in den Alpen stellenweise häufige Lärchenmilchling, der *Lactarius porninsis*. Wie oft habe ich ihn direkt aus dem siedenden Öl heraus auf eine Scheibe Weißbrot gelegt, mit etwas Zitrone beträufelt und voll Wonne gegessen. Ich möchte das besonders erwähnen, weil ihn ein bekannter Mykologe einmal falsch beurteilt, dann aber rehabilitiert hat und weil niemand von dieser Ehrenrettung Notiz nahm, so daß er in den meisten Pilzbüchern als verdächtig bezeichnet wird.

Nun, mit dieser kleinen Umordnung haben Sie Ihr botanisches Sortiment in ein kulinarisches verwandelt und sind aus der Welt des Wissens in die des Genießens eingetreten.

Im Restaurant ›Chez soi‹

Die Welt des Pilzgenießens wird manchem von Ihnen so lange etwas zweifelhaft erscheinen, bis er die Gewißheit hat, daß die Pilze wenigstens *nach* dem Putzen gewaschen werden. Leider kann ich ihm diese Gewißheit nicht verschaffen, denn in diesem Punkt sind bei den Menschen die Meinungen, bei den Pilzen die Erfordernisse verschieden. Die meisten Pilzbücher empfehlen kurzes Abbrausen, alle Kochbücher gründliches Waschen. Ich selbst bin der Meinung, daß man von den – gleich wo – gekauften Pilzen alle waschen soll, von den selbstgesammelten aber nur diejenigen, welche so verschmutzt und versandet sind, daß man ohne die Hilfe des Wasserstrahles durchaus nicht auskommt, so etwa Morcheln und Grünlinge. Wer glaubt, der Hygiene das Opfer bringen zu müssen, soll es tun, aber er wäscht den Geschmack heraus und den Hauch des Waldes ab.

Und weil ich nun schon diesen einen sündhaften Rat gegeben habe, soll es mir auch auf einen zweiten nicht ankommen, der mit den Töpfen zu tun hat. Pilzkenner und Pilzköche nämlich plädieren übereinstimmend für »neutrales« Geschirr, für irdenes, emailliertes, kunstgläsernes, zur Not auch verzinntes oder verchromtes, warnen aber vor Aluminium, Kupfer und Eisen, weil die Pilze dazu neigen, mit diesen Metallen gesundheitsschädliche Verbindungen einzugehen. Nun, das Eisen möchte ich schüchtern verteidigen. In wieviel eisernen Pfannen und Töpfen habe ich schon Pilze gebraten und geschmort, ohne je üble Folgen bemerkt zu haben. Aber vielleicht hat mich nur die ehrwürdige Fettpatina vor Bösem bewahrt!

Ob Sie nun gewaschene Pilze in einen emaillierten Topf werfen oder ungewaschene in einen eisernen, eins müssen Sie von vornherein beherzigen: Pilze kochen läßt sich lernen, aber selbstgesammelte Pilze kochen läßt sich nicht lernen! Es ist und bleibt eine persönliche Kunst, ein Privatgeheimnis, eine ewige Improvisation. Ich gebe zu, daß diese Formulierung den Tatbestand überspitzt, trotzdem wird mir jeder Pilzfreund, der mehr als zwei Dutzend eßbare Arten sammelt, recht geben. Die Kochbücher befassen sich nur mit den »Markenpilzen«, die Pilzkochbücher fügen einige populäre Sammler- oder Marktpilze hinzu, und die Pilzbücher schließen den kleinen Reigen mit ein paar Rezepten für kulinarisch unbekanntere Arten. Sollten Sie jedoch nachforschen, wie man Märzellerlinge, Braune Dachpilze, Flockenstielige Hexenröhrlinge, Blaugestiefelte Schleimköpfe oder Lilablättrige Saumpilze zubereitet, so werden Sie nicht den geringsten Erfolg haben, obwohl diese Arten sehr schmackhaft und, vom Schleimkopf vielleicht abgesehen, nicht selten sind.

Die Bücher – für den Normalverbraucher oder den pilzfreundlichen Laien geschrieben – konzentrieren sich mit Recht auf die begehrten und volkstümlichen Arten. Man kann ihnen nicht übelnehmen, daß sie eher zehn Steinpilzrezepte als ein einziges Ellerlingsrezept bringen. Angesichts dieser Lage können Sie natürlich einem Pilzverein beitreten und die Ohren spitzen, wenn dort erzählt wird, daß die Brühe des Schuppigen Porlings, mit ein bißchen Mehl und Rahm legiert und zum Schluß mit Dill bestreut, ein vorzügliches Süpplein gebe. Sie können auch durch die Länder Europas reisen und in den Gasthäusern Rezeptspionage treiben, aber das wäre doch recht umständlich. Sagen Sie lieber: Selbst ist der Koch!, oder: Hilf dir selbst, so hilft dir das Kochbuch!

Wenn Sie eine feine Zunge haben, einiges Geschick fürs Kochen, ein bißchen Logik und etwas Phantasie, werden Sie ohne weiteres Ihre vielen nicht standesgemäßen, aber darum nicht immer schlechteren Pilze zu Ehren und zu Tisch bringen. Sie müssen sich nur zur eisernen Regel machen, jede Pilzart, die Sie noch nicht gegessen haben, einzeln und rein zuzubereiten, das heißt mit dem Minimum an Butter und Salz, und sie danach so andächtig und so kritisch zu versuchen wie etwa ein Teeprüfer den Aufguß einer neuen Sorte. Nur auf diese Weise kommen Sie hinter den Geschmack, den Sie so genau kennen müssen wie die Apfelsorten in Ihrem Garten oder die Gewürze auf dem Küchenregal. Wenn Sie nämlich wissen, wie ein Pilz schmeckt, wissen Sie erstens, wie er Ihnen schmeckt, können ihn also, um nur die Extreme zu nennen, vom Speisezettel streichen oder ihn kultivieren, und zweitens, zu welcher Geschmackskategorie er gehört, was dann die Art seiner Zubereitung bestimmt.

Geschmackskategorien nämlich, gastronomische Typen gibt es bei den Pilzen genauso wie beim Obst und Gemüse, und da gerade die bekannten Pilzarten sehr verschiedene Typen repräsentieren, können Sie sich bei der Zubereitung vieler kulinarisch unbekannter an erprobte Rezepte anlehnen. Sie sind also nicht verlassen! Sie werden den hellen, mildwürzigen Mairitterling nicht mit scharfen Gewürzen töten oder ihn in einer dunklen Sauce ertränken, sondern ihn mehr wie den Champignon behandeln, vielleicht mit Rahm, Zitrone oder Weißwein. Sie werden sich nicht scheuen, ein so herbes, dunkelwürziges Wesen wie den Habichtspilz ähnlich dem Pfifferling mit Zwiebeln und kräftigen Kräutern zu kopulieren und ihm gegebenenfalls ruhig eine auf Einbrenne und Essig oder Wildbrühe und Rotwein gestellte Sauce verschreiben. Sie werden bei der Zubereitung von Röhrlingen ohne Bedenken die einfachen Steinpilzrezepte zum Modell nehmen und dann höchstens feststellen, daß der Steinpilz – und vielleicht auch noch das Rotkäppchen und der Maronenpilz – stärkere Gewürze und eigenwilligere Beigaben vertragen als die kleinen weichfleischigen Röhrlinge. Junge Schmerlinge oder Goldröhrlinge sollte man nicht à la Provençale, also mit Knoblauch und Kräutern, bereiten oder à la Bavaroise, mit saurem Rahm versetzt zu Semmelknödeln essen, sonst hat man zu wenig von ihrem linden, waldbuttrigen Schmelz.

Es gibt natürlich Pilze, die im Geschmack an keine bestimmten Arten erinnern, Solo-Pilze, wie zum Beispiel die Nebelkappe oder der Violette Ritterling. Um diesen Einzelgängern kulinarisch gerecht zu werden, müssen Sie etwas länger experimentieren. Daß die Pilzbücher gerade diesen beiden Arten nicht ganz gerecht werden, weil sie gewissermaßen mehr nach sich selbst als nach Pilz, also etwas fremd schmecken und angeblich nicht jedem bekommen, sollte Sie dabei nicht stören. Ich habe mit beiden Arten gute Erfahrungen gemacht, mit dem süßaromatischen Violetten Ritterling speziell als Beigabe zu Siedfleisch in einer hellen, mit etwas Weißwein und Kapern durchgewürzten Sauce. Auch zu Sellerie und gedünstetem Fenchel schmeckt er gut. Jedenfalls sollte der Pilzliebhaber und Sonntagskoch an die ausgeprägt und ungewöhnlich schmeckenden Arten nicht mißtrauisch, sondern ehrgeizig herangehen, er wird auf diese Weise im Restaurant »Chez soi« auch bei Gästen Überraschungserfolge erzielen.

Wer den Geschmack seiner Pilze kennt, wer ihn gleichsam immer auf der Zunge hat, kann also gut experimentieren, aber er kann auch gut kombinieren. Er wird das Mischpilzgericht, zu dem jeder Sammler, der sich nicht weise spezialisiert, verurteilt ist, richtig mischen – so nämlich, daß nicht wie bei einem optischen Kreisel im Anschauungsunterricht aus den Regenbogenfarben ein ödes Grau entsteht, sondern aus verschiedenen Geschmacksfarben ein harmonisches Aroma. Er wird bald herausfinden, daß Boviste, Parasols und ein, zwei, drei Champignons, die kein Extragericht lohnen, gut zusammenpassen, daß Steinpilzen keine Röhrlinge schaden, aber auch Goldtäublinge und junge Hahnenkämme nicht, daß sich Totentrompeten mit Stockschwämmchen und Feldschwindlingen zu einer köstlichen Suppe vereinen, daß sich Ritterlinge lieben, daß Pfifferlinge nichts gegen Schweinsohren und ein paar Habichtspilze haben. Und er wird es vermeiden, etwa den zarten Schmerling mit dem säuerlichen obstigen Kupferroten Gelbfuß zusammenzuspannen, die süßliche Nebelkappe mit dem dumpfen Sandröhrling, das herbe Schafeuter mit dem köstlichen Rauchgraublättrigen Schwefelkopf. Was ihn nicht hindern sollte, manche milde Pilzart mit einer würzigen aufzufrischen oder manche würzige mit einer milden abzurunden.

Nun sind die Pilze nicht nur eine Gottesgabe, sondern auch eine Beigabe. Das heißt, man muß sie nicht nur miteinander kombinieren, sondern auch mit der ganzen Mahlzeit. Was also ißt man zu Pilzen?, oder: Wozu passen Pilze? Die doppelte Frage enthüllt Ihnen die seltsame, aber vorteilhafte Doppelrolle der Pilze. Wenn nämlich kein Fleisch vorgesehen ist, spielen sie, zumindest für den Geschmack, ausgezeichnet seine Rolle: Reis mit

Pilzen, Knödel mit Pilzen, Nudeln mit Pilzen, Kartoffelkroketten mit Pilzen, Paprikaschoten, Tomaten, Gurken mit Pilzen gefüllt. Wenn aber Fleisch auf der Platte liegt, spielen sie nicht weniger begabt Gemüse: Rehrükken auf Forstmeistersart, Kalbsbrieschen mit Champignons, Hühnerbrüstchen mit Morcheln. Sehen Sie sich die Rezepte durch, und Sie werden finden, daß Pilze in der Gastronomie wie in der Botanik schillern, daß sie zugleich Pflanze und Tier, Gemüse und Fleisch sind.

Das würzigste Gewürz

Da sollen Sie nun sortieren, probieren und experimentieren, abkochen, vorkochen und extrakochen, befinden und erfinden, als ob Sie ein kulinarisches Forschungslaboratorium gründen wollten! Vielleicht erschreckt Sie das alles ein bißchen. In diesem Fall kann ich Sie mit der Erfahrung trösten, daß die Praxis wesentlich einfacher aussieht. Die Probleme der Pilzküche wachsen mit der Pilzkenntnis nur bis zu einem gewissen Punkt, dann vermindern sie sich rasch. Mehr und mehr konzentriert sich im Wald wie am Herd die Bemühung auf die Lieblinge. Die anderen, zweitrangigen werden nur noch als Lückenbüßer genommen. Bis Sie, sagen wir, dreißig neue eßbare Arten kennengelernt und kulinarisch getestet haben, haben Sie auch schon fünfzehn für Hungerzeiten zurückgestellt und zehn weitere zu Durchschnittspilzen qualifiziert.

Ob Sie lieber Pilze sammeln als Pilze essen, was für viele Pilzfreunde zutrifft, oder ob Sie lieber Pilze essen als sammeln, was bei manchen verschleckten Leuten vorkommt – die Mühe, jeden Speisepilz, den Sie für sich entdeckt haben, nicht nur im Buch, sondern auch im Topf zu prüfen, bleibt Ihnen freilich nicht erspart. Der leidenschaftliche Sammler will nur die wenigen Arten auf dem Tisch sehen, welche ihm wirklich schmecken, der leidenschaftliche Esser bewegt sich nur deshalb schnaufend und schwitzend durch den Wald, weil er sich neue Leckerbissen verschaffen will. Wie sehr sich einer über diese Mühe hinaus Mühe gibt, ist seine Angelegenheit. Der eine wird so lange den Kochlöffel kreisen lassen, bis er die verwöhntesten Gäste entzückt und neidisch macht und das eitelste Restaurant in den Schatten stellt, der andere liebt die Pilze »naturel«, arbeitet nur mit etwas Butter, Petersilie und dem Lieben Gott und ist trotzdem beglückt.

Aber auch wenn es sich nicht um alte oder neue, bekannte oder unbekannte Lieblinge handelt, sondern nur um brave, durchschnittliche Arten, schmecken selbstgesammelte Pilze immer – oder doch fast immer – am besten. Das hat seine Gründe. Der erste Grund liegt im Pilz, der zweite Grund liegt im Menschen. Der erste heißt, einfach genug, Frische. Auch im Zeitalter des Kühlschrankes, der Kühlwagen, der Expreßtransporte geht nichts über die Kirsche vom Baum, über den eben gefangenen Fisch, über den Pilz, der den nächsten Morgen nicht mehr erlebt. Prüfen Sie doch einmal auf dem Markt die Steinpilze, die Pfifferlinge, die Champignons. Oft sehen sie so übernächtigt und verdächtig aus, als hätten sie zwei Tage Bahnfahrt und zwei Tage Untersuchungsgefängnis hinter sich. Ich möchte mir nicht den Zorn der Marktfrauen zuziehen – sie müssen schließlich den Pilzen so weit nachlaufen, wie die Pilze sich zurückgezogen haben –, aber ihre Ware ist häufig müde, so frisch sie auch gehalten sein mag. Wie schmecken dagegen Bratlinge, am Morgen noch von Käfern überflogen und von Eichhörnchen begutachtet, am Abend würzig und etwas knusprig aus der heißen Butter geangelt. Oder, wenn schon Schnee liegt und der Zuchtchampignon triumphiert, Schwarzfaserige Ritterlinge zu einer dicken, gelben Polenta. Sie schmecken Ihren Gästen so gut, daß wieder einmal bitterböse die Rede sein wird von der Zivilisation, von erstaunlichen Weltraumraketen einerseits – gezüchteten, gespritzten, gefärbten, konservierten, transportierten und standardisierten Lebensmitteln andererseits.

Ihnen aber schmecken die Pilze noch weit besser als den Gästen, und damit komme ich zu dem zweiten Grund, dem menschlichen oder meinetwegen auch allzu menschlichen. Wer die Pilze, die er selbst gesammelt hat, verzehrt, hat sich außer dem sprichwörtlich besten Koch, dem Hunger nämlich, auch ein einzigartiges Gewürz besorgt: Er schmeckt nicht nur die Pilze, sondern auch den Pilzausflug, die ganze geliebte Natur, durch die er gewandert ist, er schmeckt nicht nur die Zitrone, sondern auch das Aroma des Waldes, den Tau der Unberührtheit, er schmeckt nicht nur die Petersilie, sondern auch seinen süßen Stolz. Das Gewürz heißt, ich gebe es zu, Einbildung, aber diese Einbildung ist würziger als jedes Gewürz, wirklicher als jede Wirklichkeit.

Rezepte

Grundregeln für das Zubereiten von Pilzen

1. Beachten Sie bei jeder Pilzart, was das Bestimmungsbuch über die Zubereitung, zumal über Wässern, Abkochen, Vorkochen und das Weggießen des Kochwassers sagt. Vorschriften müssen Sie unbedingt einhalten. Empfehlungen sollten Sie folgen, wenn Ihr Magen empfindlich ist.

2. Dünsten Sie zartfleischige Pilze nicht länger als 8 Minuten, normale Pilze nicht länger als 15 Minuten. Legieren Sie das Pilzgericht, verringert sich die Zeit für das Dünsten im ersteren Fall auf 5, im letzteren auf 10 Minuten.

3. Hartfleischige Pilze müssen besonders fein geschnitten und vorgedünstet werden. Lohnt die Art den Umstand nicht, verkocht man sie mit Pilzresten und anderen mäßigen Arten zu Pilzbrühe.

4. Verschiedene Pilzarten verfärben sich an der Luft und noch stärker im Topf. Wer diesen Nachteil nicht in Kauf nehmen will, muß die gereinigten, aber nicht zerschnittenen Pilze mindestens 15 Minuten in leicht gesalzenem und mit Zitronensaft versetztem Wasser vorkochen. Ich rate davon ab, der Geschmacksverlust ist wesentlich größer als der ästhetische Gewinn.

5. Dünsten Sie die Pilze, besonders wenn es sich um größere Mengen handelt, immer im offenen Topf, sonst kochen sie sich im eigenen Saft hart.

6. Bleibt vom Pilzgericht etwas übrig, so stellen Sie es sofort in einer Porzellanschüssel kühl. Sie können den Rest dann am nächsten Tag ohne Bedenken essen.

Die folgenden Rezepte sind für vier *Personen berechnet. Die Mengenangaben für Pilze beziehen sich auf* geputzte *Pilze.*

Pilzsuppe

250 g Pilze, 1 Liter Wasser oder Fleischbrühe, 2 – 3 Eßl. Butter, 3 Eßl. Mehl, Salz. Nach Belieben: süßer Rahm, Petersilie, Zitronensaft, Weißwein, Rotwein, Kräuter, Kümmel, Zwiebel, Knoblauch usw.

Die Pilze in kleine Stücke schneiden, in der Butter, evtl. zusammen mit gehackten Zwiebeln, andämpfen, mit dem Wasser oder der Fleischbrühe aufgießen und gut durchkochen. Nach mindestens 30 Minuten Kochzeit abseihen, eine Mehlschwitze bereiten, mit der Pilzbrühe aufgießen, würzen und nochmals kurz durchkochen. Möchte man Pilze in die Suppe einlegen, so muß man sie nach 5 bis 10 Minuten Dämpfen herausnehmen und in die fertige Suppe geben, da sie sonst hart werden.

Tessiner Pilzsuppe

*250 g Pilze, ½ Tasse Olivenöl, 2 Zwiebeln, 2–3 Eßl.
Kartoffelbrei, Salz, weißer Pfeffer, 2 Eßl. feingewiegte
Petersilie, 1 Glas Rotwein, 1 Tasse süßer Rahm, 2 hart-
gekochte Eier.*

Die Pilze in feine Scheibchen schneiden, mit den gehackten Zwiebeln in Olivenöl ca. 10 Minuten dünsten und
mit ¾ Liter siedendem Wasser aufgießen. Den Kartoffelbrei dazugeben, gut verrühren, kurz aufkochen, mit Salz,
Pfeffer, Petersilie und Rotwein würzen. Den Topf vom
Feuer nehmen, den Rahm unterziehen und mit den gehackten Eiern bestreut servieren.

Brüsseler Champignonsuppe

*250 g Champignons, 1–2 Eßl. Butter, 1 Zwiebel, 1 Eßl.
Mehl, ¾ Liter Fleisch- oder Knochenbrühe, Salz, weißer
Pfeffer, 1 Tasse süßer Rahm, 1 Eßl. feingewiegte Peter-
silie, 1 hartgekochtes Ei.*

Die Champignons werden durch den Wolf gedreht, mit
der geriebenen Zwiebel in der Butter etwa 5 Minuten gedünstet. Hierauf wird das Mehl angestäubt und unter stän-
digem Rühren mit der Fleischbrühe aufgegossen. Nach
dem Würzen mit Salz und Pfeffer wird der Topf vom Feuer
genommen, der Rahm untergezogen und die Suppe mit
der Petersilie und dem grobgehackten Ei bestreut.

Mischpilze

GRUNDREZEPT
500 g gemischte Pilze, 2 Eßl. Butter oder Öl, Salz. Nach Belieben: Pfeffer, etwas Zitronensaft, ½ Eßl. gewiegte Petersilie.

Die Pilze in feine Scheibchen schneiden, im heißen Fett 10 bis 15 Minuten dünsten. Wenn alle Feuchtigkeit verdampft ist, salzen und nach Geschmack würzen.

MIT SPECK UND ZWIEBELN
Außer den obigen Zutaten 100 g durchwachsener Speck, 1 – 2 Zwiebeln, keine Zitrone.

Man kann die Pilze auch mit feingewürfeltem Speck und gehackten Zwiebeln und entsprechend etwas weniger Fett dünsten. Im übrigen wie oben verfahren.

Pilze in heller Sauce

500 g mildschmeckende Pilze (Champignons, Mairitterlinge, Steinpilze und andere Röhrlinge), 2 Eßl. Butter, 3 Eßl. Mehl, 1 Tasse süßer Rahm, Salz. Nach Belieben: etwas Zitronensaft, etwas Weißwein, 1 Eßl. feingewiegte Petersilie.

Die Pilze in feine Scheiben schneiden, im heißen Fett 10 bis 15 Minuten dünsten, mit Mehl bestäuben, gleich mit Wasser löschen, den Rahm zugeben, salzen, würzen.
Mit diesen Pilzen kann man geröstete Weißbrotscheiben belegen, Pastetchen füllen, Rührei garnieren.

GRATINIERT
Außer den obigen Zutaten Kalbfleisch- oder Geflügelreste, Kapern, Schale einer ½ Zitrone, Reibkäse.

Man kann unter die helle Pilzrahmsauce auch Kalbfleisch- oder Geflügelreste mischen, mit Kapern, Zitronenschale abschmecken und mit Käse überstreut im Backofen in Förmchen oder Muscheln gratinieren.

Pilze in dunkler Sauce

500 g kräftigschmeckende Pilze (Pfifferlinge, Reizker, junge Habichtspilze), 2 Eßl. Butter, 3 Eßl. Mehl, ⅛ Liter Fleischbrühe oder ½ Teelöffel Fleischextrakt, Salz. Nach Belieben: Pfeffer, Paprika, Kümmel, Knoblauch, Rotwein oder Madeira.

Die Pilze in feine Scheiben schneiden, im heißen Fett 10 bis 15 Minuten dünsten, mit Mehl bestäuben, bräunen lassen, mit etwas Wasser löschen, mit Fleischbrühe aufgießen, nach Geschmack würzen. Mit diesen Pilzen kann man Paprikaschoten, Auberginen und Tomaten füllen.

Pilze in Förmchen

2 Eßl. Butter, ½ Eßl. Zitronensaft, Salz und Pfeffer, ½ Teelöffel feingehackte Petersilie, Weißbrot, Pilze für 4 Portionsförmchen, 1 Tasse süßer Rahm, 1 Teelöffel Sherry.

Die Butter schaumig rühren, tropfenweise Zitronensaft, Salz, Pfeffer und Petersilie zugeben. 4 Scheiben 1 cm dick geschnittenes Weißbrot rösten, auf beiden Seiten mit der gewürzten Butter bestreichen und in 4 gebutterte feuerfeste Portionsförmchen legen. Von den Pilzen die Stiele abschneiden, die Hüte auf die Weißbrotscheiben legen und mit dem Rahm übergießen. Zugedeckt ungefähr 25 Minuten im Ofen backen. Nach Bedarf noch etwas Rahm zugeben. Kurz vor dem Anrichten mit Sherry überträufeln.

Panierte Steinpilze

500 g Steinpilze, Salz und Pfeffer, 2 Eier, Semmelbrösel, Butter.

Die Pilze in Scheiben von etwa ½ cm Dicke schneiden. Mit Salz und Pfeffer würzen, in den verklepperten Eiern und Semmelbröseln wenden und in der Butter auf beiden Seiten zu schöner Farbe braten. Genauso kann man Birkenpilze, Rotkäppchen und Riesenboviste verwenden. Als Beigabe Kartoffelbrei und grüner Salat.

Champignons in Bierteig

250 g junge, kleine Champignons, Bierteig aus 1 verklepperten Ei, 3 Teelöffel Mehl, Bier, Backfett, Salz.

Zunächst einen geschmeidigen, aber dickflüssigen Bierteig herstellen. Die Pilze in den Teig tauchen und in heißem Fett schwimmend in 5 bis 6 Minuten herausbacken. Einzeln herausnehmen, abtropfen lassen und salzen. Sehr gut mit Mayonnaise und grünem Salat.

Ebenfalls für dieses Rezept geeignet sind Steinpilze und Rotkäppchen, die man jedoch kurz vorkochen und eventuell in passende Stücke schneiden muß.

Kräuteromelett mit Pilzen

Pro Omelett: 3 Eier, 1 Prise Salz, ½ Teelöffel Fleischex-
trakt, ½ Eßl. feingewiegte Kräuter (Petersilie, Schnitt-
lauch, Dill, Kerbel, Liebstöckl), Butter zum Herausbak-
ken, 50 g Champignons oder Steinpilze, Salz, Pfeffer.

Die Eidotter gut verquirlen, schwach salzen und mit dem
Fleischextrakt und den Kräutern vermischen. Am Schluß
den steifgeschlagenen Eischnee leicht darunterziehen und
die Masse in eine Omelettpfanne mit heißer Butter gießen.
In die noch weiche Oberseite die dünn aufgeschnittenen und
vorgedünsteten, gewürzten Pilze geben. Nach dem Umwen-
den bringt man die Omeletts mit grünem Salat zu Tisch.

Eier mit Champignons

6 Eier, 250 g frische Champignons, 1 Eßl. Butter, Salz
und Pfeffer, Zitronensaft, 1 Tasse Buttersauce, ½ Tasse
süßer Rahm, 1 Eßl. Reibkäse.

Die Eier hart kochen, der Länge nach halbieren und die
Eigelb herausnehmen. Die Champignons 5 Minuten in
Butter dämpfen und mit Salz, Pfeffer und Zitronensaft
würzen. Die zerdrückten Eigelb und die feingehackten
Pilze mit etwas weißer Buttersauce verrühren. Die Ei-
weißhälften damit füllen und in eine gebutterte feuerfeste
Form legen. Die restliche Buttersauce mit dem Rahm und
geriebenem Käse vermengen und um die Eier gießen. Im
Ofen kurz überbacken.

Schwammerl mit Semmelknödeln

SCHWAMMERL: *500 g Schwammerl (am besten Pfifferlinge oder Steinpilze), 2 Eßl. Butter, 1 große Zwiebel, Schale einer ½ Zitrone, 1 Eßl. feingewiegte Petersilie, Salz, Kümmel, etwas Essig, 1 Tasse dicker saurer Rahm.*

Die Pilze in feine Scheiben schneiden und sie in der heißen Butter mit der geschnittenen Zwiebel dünsten, etwa 10 bis 15 Minuten. Dann gibt man die Gewürze und am Schluß den dicken sauren Rahm dazu.

KNÖDEL: *Knödelbrot von 8 Semmeln, ¼ Liter Milch, 1 Eßl. Butter, Schale einer ½ Zitrone, 1 Zwiebel, 1 Eßl. Petersilie, 2–3 Eier, wenn nötig 1 Eßl. Mehl, Salz, Pfeffer.*

Das Knödelbrot mit heißer Milch übergießen und quellen lassen. Die gehackte Zwiebel und die gewiegte Petersilie in der Butter dünsten, mit den Eiern, Salz und Pfeffer und der geriebenen Zitronenschale zu dem Knödelbrot geben, wenn nötig etwas Mehl daruntermischen, und aus der Masse Knödel formen, die im kochenden Salzwasser in 10 bis 15 Minuten fertig sind. Ein echt bayerisches Essen!

Pilzknödel

300 g Pilze, etwas Butter zum Dünsten, 250 g Semmel-
brösel, 2–3 Eier, 75 g Butter, 8 Eßl. Wasser oder Fleisch-
brühe, Salz, Muskat, ½ Eßl. gewiegte Petersilie, Schale
einer ½ Zitrone, 1 Zwiebel, ½ Teelöffel Fleischextrakt.

Die Pilze in etwas Butter weich dämpfen und dann erst
fein hacken. Die ganzen Eier mit 75 g Butter fein verrühren,
dazu die Semmelbrösel, das Wasser oder die Fleischbrühe, Salz, Muskat, feingewiegte Petersilie, abgeriebene
Zitronenschale, geriebene Zwiebel und Fleischextrakt.
Man läßt die Masse kurz quellen und formt dann kleinere Knödel, die man in siedendem Salzwasser in 5 bis
7 Minuten gar werden läßt. Sehr gut mit Kressesalat
oder grünem Salat.

Pilze in Kräuterrahm

500 g mildschmeckende Pilze (Champignons, Steinpilze,
Mairitterlinge), 1 Eßl. Butter, Salz, 2 Tassen süßer Rahm,
2 Eßl. feingewiegte Kräuter (Petersilie, Schnittlauch, Dill,
Kerbel, Liebstöckl), 1 Teelöffel Zitronensaft.

Die Pilze fein schneiden und in der Butter 5 bis 10 Minuten dünsten, salzen. Den Rahm erwärmen, die Kräuter
und den Zitronensaft hineingeben und über die Pilze
gießen. Dazu frisches Weißbrot.

Pfifferlinge mit Reisrand

250 g Reis, 500 g Pfifferlinge, 2 Eßl. Butter, 1 große Zwiebel, Salz und Pfeffer, 1 Eßl. gehackte Petersilie.

Den Reis in Salzwasser trocken kochen. Eine Ringform ausfetten und den Reis einfüllen. Im Wasserbad 10 Minuten ziehen lassen. Die Pilze und die Zwiebel zerkleinern und in der Butter dämpfen, würzen. Den Reisrand stürzen und in der Mitte die Pilze anrichten. Das Ganze mit Petersilie bestreuen.

Warmer Pilzpudding

125 g Butter, 100 g Mehl, 3 Tassen kochende Milch, Salz, 1 Messerspitze Cayennepfeffer, 6 Eier, 375 g Pilze, 1 Eßl. Butter, Semmelbrösel.

Die Butter zergehen lassen, das Mehl darin abrühren und mit der kochenden Milch aufgießen. Nach dem Erkalten die Eigelb, Salz, Pfeffer und die weichgedämpften, feingehackten Pilze dazugeben, zuletzt den steifgeschlagenen Eierschnee. In einer gut gefetteten, mit Semmelbröseln ausgestrichenen Puddingform 1 Stunde im Wasserbad kochen. Mit Tomatensauce und grünem Salat reichen.

Gefüllte Auberginen

4 Auberginen, 1 Eßl. Olivenöl, 125 g Pilze, 1 Eßl. Butter,
1 große Zwiebel, 1 Tasse Semmelbrösel, 1 Ei, 2 Sardel-
lenfilets, 1 Eßl. Kapern, 1 Eßl. feingewiegte Petersilie,
100 g geriebener Käse, etwas saurer Rahm.

Die Auberginen eine Minute in siedendes Wasser legen,
Haut abziehen, der Länge nach halbieren und gut aus-
kratzen. Auf kleiner Flamme in Olivenöl 10 Minuten
dünsten. Die vorgedämpften Pilze und die Zwiebel durch
den Wolf drehen, mit den Semmelbröseln, dem Ei, den
feingewiegten Sardellenfilets, den Kapern, der Petersilie
und dem ausgekratzten Aubergineninneren vermischen.
Die Auberginenhälften mit dieser Farce füllen, den sauren Rahm darüberschütten, mit geriebenem Käse bestreuen
und im Backofen 15 Minuten gratinieren. Dazu Kartoffelbrei.

Ravioli mit Schinken und Pilzen gefüllt

*2 Hände voll getrocknete Steinpilze, 1–2 Eßl. Butter,
250 g gekochter Schinken, Salz, Pfeffer.
Nudelteig aus 2 ganzen Eiern, 7 Eßl. Wasser, 450 g
Mehl, ½ Teelöffel Salz, 1 Eiweiß, 50 g Butter.*

Die Pilze über Nacht einweichen, gut abtropfen lassen und
in Butter weich dämpfen. Den Schinken fein hacken, mit
den Pilzen vermischen und die Masse mit Salz und Pfeffer abschmecken. Aus den angegebenen Zutaten einen
Nudelteig herstellen, gut verarbeiten, fein auswellen und
mit dem Rädchen runde Stücke in der Größe einer Untertasse ausradeln. Den Teig mit einem guten Eßlöffel der
Füllung bedecken, die Ränder mit Eiweiß bestreichen,
zusammenklappen und gut andrücken. Im siedenden
Salzwasser 10 Minuten lang kochen. Auf einer erwärmten
Platte anrichten und heiße braune Butter darübergießen.
Man kann natürlich auch frische Pilze nehmen.

Piroggen mit Pilzfüllung

FÜLLUNG: *375 g Pilze, 1 Zwiebel, 2 Eßl. Butter, Salz, Pfeffer, 1 Eßl. feingewiegte Petersilie.*

MÜRBTEIG: *300 g Mehl, 100 g Butter, 2 Eier, Salz, etwas saurer Rahm, 1 Ei zum Bestreichen.*

Frische Pilze werden zunächst in feine Streifen geschnitten, mit der gehackten Zwiebel in Butter weich gedämpft und mit Salz, Pfeffer und Petersilie gewürzt. Aus den Zutaten wird ein nicht zu fester, gut verarbeiteter Teig hergestellt und messerrückendick ausgewellt. Mit einem Rädchen runde Stücke in der Größe einer kleineren Untertasse ausradeln, in die Mitte etwa einen Eßlöffel Pilzfüllung geben, die Ränder mit Eiweiß bestreichen, jedes Plätzchen zu einem Halbmond zusammenschlagen und gut andrücken. Auf der Oberseite mit Eigelb bestreichen und bei mittlerer Hitze schön hellbraun backen. Wie alle Piroggen für Picknicks, als Reiseproviant, aber auch zu Hause mit einer Tasse Bouillon und Salat.

Morchel-Ragout

*500 g Morcheln, 2 Zwiebeln, 50 g Butter, ½ Liter Kalbs-
knochenbrühe, 100 g magerer roher Schinken, Pfeffer,
Salz, Thymian, Petersilie, 3 Eßl. Mehl, 1 Eßl. Butter,
1 Glas Südwein, ½ Tasse süßer Rahm.*

Die Morcheln mehrmals gründlich waschen, mit siedendem Salzwasser überbrühen und abtropfen lassen. Die
Zwiebeln fein hacken, in der Butter hellbraun rösten und
mit der Fleischbrühe ablöschen. Die Morcheln und den
grobgehackten Schinken dazugeben und im verschlos-
senen Topf auf kleiner Flamme 40 Minuten kochen lassen. Mit Pfeffer, Salz, Thymian, Petersilie würzen. Eine
dunkle Mehlschwitze herstellen, mit etwas Wasser und
dem Südwein ablöschen, mit dem Rahm glattrühren und
unter die Morcheln mischen. Den Topf vom Feuer nehmen, zugedeckt 10 Minuten ziehen lassen und zu körnig
gekochtem Reis servieren.

Kalbsbrieschen mit Champignons

2 Kalbsbriese, Salz und Pfeffer, Mehl, 3 Eßl. Butter, 125 g Champignons.

Die Briese vorbereiten, in Scheiben schneiden, mit Salz und Pfeffer bestreuen. Im Mehl wenden und in der heißen Butter goldgelb anbraten. Die in feine Scheiben geschnittenen Champignons dazugeben, noch kurz mitbraten und anrichten. Mit grünem Salat, auch mit Kartoffelbrei und Salat reichen.

Reis mit Hühnerleber und Pfifferlingen

400 g Butterreis, 150 g Hühnerleber, 50 g Butter, 2 Eßl. Zwiebelwürfel, 4 Eßl. gehackte Pfifferlinge.

In der heißen Butter werden die Zwiebeln, die gehackten Pilze und die Hühnerleber ungefähr 5 Minuten gedämpft. Dann wird die Masse vorsichtig unter den heißen Butterreis gezogen. Sehr gut mit Chicoréesalat.

Gefüllte Steinpilze

500 g größere Steinpilze, 2 Scheiben gekochter Schinken, 250 g gehacktes Schweinefleisch, 50 g Semmelbrösel, 1 Ei, 2 Zwiebeln, ½ Eßl. gewiegte Petersilie, 2 Blättchen Salbei, 1 Knoblauchzehe, Salz, Semmelbrösel zum Bestreuen, ½ Tasse süßer Rahm, 2 Tomaten.

Die Köpfe der Pilze von den Stielen trennen. Die Stiele mit dem Schinken grob hacken, mit dem Schweinefleisch, den Semmelbröseln, dem Ei, den gehackten Zwiebeln, der feingewiegten Petersilie, den Salbeiblättchen, der zerdrückten Knoblauchzehe vermischen und würzen. Eine feuerfeste Form mit Fett ausstreichen, auf den Boden eine Schicht Pilzköpfe, darüber die Farce und darauf die andere Hälfte der Pilzköpfe legen. Mit Semmelbröseln bestreuen, den Rahm darübergießen, im Backofen 45 Minuten gratinieren und vor dem Auftragen mit dem Saft der gekochten Tomaten beträufeln.

Bitoks Moskwa

BITOKS: *Je 250 g feingehacktes Schweine- und Kalbfleisch, 1 Ei, 4 Eßl. feingeschnittene Zwiebelwürfel, 1 Teelöffel gehackte Petersilie, beides in wenig Butter angedämpft, 3 Eßl. süßer Rahm, Salz und Muskat, Butter zum Braten.*

SAUCE: *200 g blättrig geschnittene Steinpilze, 3 Eßl. Zwiebelwürfel, 1 Eßl. magere Speckwürfel, 2 Tassen süßer Rahm, 1 Eßl. Speisestärke in 1 Tasse Milch angerührt, Zitronensaft, 1 Schuß Weißwein, 1 Teelöffel gehackte Petersilie.*

Das Fleisch wird mit dem Ei, den Zwiebelwürfeln und den Gewürzen durchgeknetet. Daraus werden kleine Kugeln von ca. 50 g gerollt und dann flachgedrückt, die man beiderseitig 10 Minuten in Butter brät. In der Butter werden die Speck- und Zwiebelwürfel angedämpft, die Steinpilze dazugegeben, mitgedämpft, mit Rahm angegossen und nach dem Aufkochen mit Speisestärke eingedickt. Würzen mit Weißwein, Zitronensaft und Petersilie. In diese Sauce kommen die Bitoks, einmal aufkochen lassen. Sie werden auf heißem Butterreis angerichtet und mit dem Steinpilzrahm übergossen.

Languguste in Rahm mit Champignons und Trüffel

1 Languste, 100 g Champignons, 4 Eßl. Butter, Salz, Paprika, ½ Tasse Weißwein, 1 Glas Cognac, ½ Eßl. Zitronensaft, 1 Prise geriebener Muskat, 1 Tasse süßer Rahm, 1 Trüffel.

Die Languste und die Pilze in Scheiben schneiden. Die Butter zergehen lassen, die Pilze darin andämpfen und wieder herausnehmen. Die Langustenscheiben in der Butter schwenken, würzen und noch etwas Butter unterrühren. Die Langusten herausnehmen und zu den Pilzen geben. In dem Bratsatz den Wein, Cognac, Zitronensaft und Muskat verrühren und etwas einkochen lassen. Den Rahm und die Trüffel dazutun und die Pilze und Langustenscheiben wieder darin erwärmen. Einige Minuten kochen, bis die Sauce bindet. Beigabe: Toast.

Tessiner Pilzsalat

250 g kleine Steinpilze, 4 Tomaten, 2 hartgekochte Eier, 50 g magerer roher Schinken, 1 Zwiebel, Pfeffer, Salz, 2 Eßl. feingewiegte Petersilie, Estragonessig, Olivenöl.

Die Pilze blättrig schneiden, in Öl 10 Minuten lang dämpfen. Mit den gehäuteten, in dünne Scheiben geschnittenen Tomaten, den grobgehackten Eiern, dem feingewiegten Schinken, der geriebenen Zwiebel, Pfeffer, Salz, Petersilie, Essig und Öl mischen. Zu frischem Weißbrot servieren.

Frische Trüffeln

Trüffeln, dünne Scheiben von rohem Schinken und Speck, Lorbeerblatt, Thymian, Salz, Pfeffer, Knoblauch, Weißwein oder Champagner, Butter.

Man nehme frische Trüffeln nach Bedarf und Geldbeutel. Sie werden nicht geschält, sondern erst in warmem, dann in kaltem Wasser mit einer Bürste sorgfältig gereinigt. Eine Kasserolle wird mit dünnen Scheiben von rohem Schinken ausgelegt, darauf kommen Lorbeerblatt, Thymian, Salz, grobgemahlener Pfeffer, etwas Knoblauch. Auf diese Unterlage werden die Trüffeln gelegt und mit so viel Weißwein (am besten ein trockener Sauternes oder Champagner) bedeckt, daß sie darin baden. Auf die Trüffeln kommen dünne Speckscheiben und ein Stück Butter. Das Ganze muß im wohlverschlossenen Topf 30 Minuten gut kochen. Dieses Gericht gehört zum Feinsten, was eine Küche bieten kann. Guten Appetit!

Getrocknete Pilze

GRÖSSERE PILZE: Die Pilze sehr sorgfältig putzen, aber auf keinen Fall waschen, in etwa ½ cm dicke Scheiben schneiden. Diese Scheiben oder Pilzschnitze trocknen. Und zwar: Bei schönem Wetter auf einem Brett an einem sonnigen, möglichst luftigen Platz. Bei schlechtem Wetter entweder auf Zwirn gefädelt im Speicher beziehungsweise in einem trockenen, womöglich etwas zugigen Raum oder auf engmaschigen Drahtrosten im Backofen. Beim Trocknen im Backofen die Tür halb geöffnet und die Temperatur auf keinen Fall über 60 Grad steigen lassen. Bei zu großer und zu rascher Hitze werden die Pilze schmierig und nehmen einen beinahe widerwärtigen Geschmack an. In jedem Fall müssen die Pilzschnitze von Zeit zu Zeit gewendet werden.

KLEINERE PILZE: Kleine oder mittelgroße, dünnfleischige Pilze, wie Mousserons, Feldschwindlinge, Ockertrichterlinge, Totentrompeten, nach dem Putzen nicht schneiden, sondern im Ganzen trocknen. Wenn die Pilze trocken, das heißt richtig dürr und brüchig sind, fülle man sie in Mullsäckchen oder in Gläser, die man mit Papier und Gummiring verschließt, und bewahre sie in einem trockenen Raum auf. Wer sich eine kleine Kaffee- beziehungsweise dann Pilzmühle leisten will, kann alle durchschnittlichen Arten zu Pilzpulver mahlen, das sich vortrefflich zum Würzen von Suppen und Saucen eignet. Dieses Pilzpulver muß im Gegensatz zu den Trockenpilzen in fest schließenden Dosen oder Gewürzgläsern aufbewahrt werden.

Zum Trocknen eignen sich einerseits alle festfleischigen und dabei nicht schleimigen oder saftigen Arten, andererseits alle dünnfleischigen, aber nicht gebrechlichen Arten. Ganz ungeeignet sind Milchlinge, Tintlinge, Pfifferlinge und die zarten, leicht verderblichen Champignons. Bei allen besonders geeigneten Arten finden Sie im Pilzbuch einen entsprechenden Hinweis.

Reine Würzpilze brauchen nicht vorher eingeweicht zu werden, man dünstet oder kocht sie mit. Kleine, dünnfleischige Pilze vor der Verwendung 1 Stunde, größere über Nacht in wenig Wasser legen. Nicht aufgesogenes Einweichwasser mit verwenden. Wer am Einmachen, Einlegen, Marinieren und Silieren von Pilzen oder an der Herstellung von Pilzextrakt interessiert ist, findet in jedem guten Pilzbuch oder Pilzkochbuch genaue Rezepte.

Verzeichnis der Rezepte

Hellmut von Cube
Tierskizzenbüchlein

Festeinband mit Schutzumschlag
und Lesebändchen, 100 Seiten
ISBN 978-3-86597-034-3, € 15,90 (D)

Hellmut von Cubes Tierskizzen sind kleine Kunstwerke an Genauigkeit und Poesie, die Ameisen zeigen und Eidechsen, Maikäfer, Nachtfalter und auch einen kleinen Hund. Hermann Hesse schrieb: »Jede dieser liebenswürdigen und hochbegabten Betrachtungen führt uns ins Große, ins Herz der Welt.«